STEFAN MAYER

— PERFEKT PIRSCHEN

Erfolgreich jagen auf leisen Sohlen

KOSMOS

Inhalt

Mehr entdecken, mehr verstehen

DAS KOSMOS VERSPRECHEN

Expertenwissen seit 1822

Welches Thema dich auch begeistert – auf unsere Expertise kannst du dich verlassen. Und das schon seit über 200 Jahren.

Unser Anspruch ist es, dich mit wertvollem Rat zu begleiten, dich zu inspirieren und deinen Horizont zu erweitern.

BEGEISTERUNG DURCH KOMPETENZ

Unsere Autorinnen und Autoren vereinen professionelles Know-how mit großer Leidenschaft für ihre Themen.

WISSEN, DAS DICH WEITERBRINGT

Leicht verständlich, lebensnah und informativ für dich auf den Punkt gebracht.

SACHVERSTAND, DEN MAN SEHEN KANN

Mit aussagestarken Fotos, Zeichnungen und Grafiken werden Inhalte besonders anschaulich aufbereitet.

QUALITÄT FÜR HEUTE UND MORGEN

Dafür sorgen langlebige Verarbeitung und ressourcenschonende Produktion.

Du hast noch Fragen oder Anregungen?
Dann schreibe uns: kosmos.de/servicecenter

VORWORT

Solange der Mensch zur Jagd geht, haben sich die Absichten, Strategien und Techniken verändert. Heute kennen wir bei der Bejagung auf Schalenwild vorrangig die Ansitzjagd, die Bewegungsjagd und die Pirschjagd – wobei in den zurückliegenden Jahrzehnten eindeutig der Schwerpunkt der Jägerschaft bei der Ansitzjagd lag. Das kann man leicht am hohen Grad der „Möblierung" der Reviere erkennen. Es sind teils kaum noch Wiesen zu finden, die nicht mit Kanzeln umsäumt sind. Die dann teilweise dort stattfindenden Dauerbelagerungen führen dazu, dass das Wild nur noch selten oder zur Nachtzeit austritt. Ähnliche Erfahrungen sammelten die Jäger in den vergangenen Jahren, wenn es um die Kirrungsjagd – als Sonderform der Ansitzjagd – auf Schwarzwild geht.

Autor Stefan Mayer erlegt mittlerweile etwa 2/3 seiner Stücke jährlich auf der Pirsch.

Aus verschiedenen Gründen geriet die Pirschjagd in den vergangenen Jahren immer mehr aus dem Fokus der Jäger. Dadurch ging viel Wissen und Können verloren. Jedoch verändert sich die Situation in vielen Revieren aktuell gravierend. Wälder werden heller, wodurch die Naturverjüngung deutlich schneller und dichter einsetzt. Viele Ansitzeinrichtungen sind bereits nach wenigen Jahren unbrauchbar, weil keinerlei Sicht mehr vorhanden ist. Zusätzlich verändert sich auch das Raum-Zeit-Verhalten des Wildes durch die veränderte Revierstruktur beinahe jährlich. Hinzu kommen natürlich auch viele weitere Ansprüche, sei es von Grundeigentümern, Bewirtschaftern, Freizeitnutzern, Naturschützern bis hin zu Veterinärämtern, die das Vorgehen und Verhalten von Jägern und Wild beeinflussen.

2/3 DER STRECKE AUF DER PIRSCH

Da ich im Berufsalltag, trotz meines Traumberufes als Forstrevierleiter, sei es im Büro oder im Fahrzeug, sehr viel sitze, war mir der Ansitz häufig kein Genuss. Aus diesem Grund versuchte ich schon vor Jahren, die Jagd auch über die Pirsch auszuüben. Mit der Zeit wuchsen die Erfahrung und dadurch auch der Jagderfolg auf der Pirsch. Mittlerweile kann ich rund 2/3 meines jährlichen Abschusses mit dieser Jagdstrategie verbuchen. Mit welcher Ausrüstung und Strategie ich die Pirschjagd effizienter gestaltet habe, welche Wetterbedingungen ich bevorzuge und welche Fehler ich anfänglich machte, möchte ich in diesem Werk weitergeben.
Meine persönlichen Erfahrungen lassen sich natürlich nicht als Rezept auf alle Reviere und Strukturen übertragen. Trotzdem gibt es viele Grundsätze, die fast immer gelten, und mit denen der Leser sich für seine Gegebenheiten eine modifizierte und erfolgreiche Strategie erarbeiten kann.
Auch ist die Pirschjagd nicht jedermanns Sache. Wer lieber die Natur und Ruhe im Rahmen eines Ansitzes genießen möchte, wird ungern pirschen gehen. Zusätzlich ist Pirschen auch körperlich anstrengender und anspruchsvoller als die reine Ansitzjagd. Jedoch lernt man durch das Pirschen sein Revier und das Wild aus einem anderen Blickwinkel kennen und erweitert somit auch seinen Horizont.
Wie so häufig gilt auch hier: Die Mischung machts!

Stefan Mayer

GRUNDSÄTZE DER PIRSCHJAGD

WARUM PIRSCHEN?

Als eine besondere Form der Jagd erfordert die erfolgreiche Pirschjagd selbstverständlich spezielle Rahmenbedingungen.

> Man pirscht, weil es die jagdliche Wahrnehmung schärft, die Jagd als Handwerk in ihrer ursprünglichsten Form erlebbar macht und, wenn richtig ausgeübt, sehr effektiv sein kann.

Auch ist Pirschen nicht das Allheilmittel gegen jagdliche Erfolglosigkeit, geschweige denn die einzige sinnvolle Jagdmethode. Vorweg darum ein paar Grundsätze zu dieser Jagdmethode. Die Pirschjagd ist eine der ältesten und zugleich ursprünglichsten Jagdmethoden. Bei der Ansitz- oder Drückjagd agiert der Jäger in der Regel von festgelegten Punkten im Revier, die Pirsch hingegen erfordert vom Jäger vor allem eines: Anpassung an Natur sowie Wild und damit Flexibilität.

— Mehr Verständnis für Wild und Revier: Weil das Wild in seinen natürlichen Verhaltensweisen auf ganzer Fläche und nicht nur von den selbst gewählten Ansitzspots aus wahrgenommen wird, lernt man durch die Pirsch das Raum- und Zeitverhalten des Wildes in seinem Jagdgebiet besser kennen.

— Handwerkliche Herausforderung: Die Pirsch schult viele jagdliche Fähigkeiten: Wahrnehmung, Bewegung, Windbeachtung, Geräuschkontrolle, Geländekenntnis.

— Steigert eigene Schießfertigkeiten: Pirschjagd verlangt ein hohes Maß an Disziplin und eine sehr gute Schießfertigkeit, da oft aus ungewohnter Position auf unterschiedliche Distanzen geschossen wird.

— Flexibilität: Während beim Ansitz der Standort fix ist, erlaubt die Pirsch, gezielt auf sich verändernde Situationen im Revier wie Wildwechsel, Einstand oder aktuelle Schadflächen einzugehen.
Vor allem durch die sich schnell verändernden Waldbilder sind die Schussbereiche bei Ansitzeinrichtungen oft in wenigen Jahren komplett zugewachsen.

— Effizienz: Auf wechselnde Windrichtungen und verändertes Verhalten von Wild kann sofort reagiert werden. Die Flächen um Ansitzeinrichtungen werden im Laufe der Zeit von Wild gemieden. Durch das Pirschen wird Wild in Bereichen erlegt, in denen es den Menschen als Jäger nicht erwartet. Zusätzlich wird ein deutlich größerer Teil des Jagdgebietes nach Wild abgesucht, während vom Ansitz oft nur wenige hundert Quadratmeter beobachtet werden können. Der Ansitzjäger ist auf die Bewegung des Wildes angewiesen. Wenn der Berg nicht zum Propheten kommt, muss der Prophet zum Berg gehen – also pirschen!

Daher ist für viele Jäger die Pirsch die „reinste" Form der Jagd. Sie steht in direkter Tradition zu unseren Vorfahren, die ihre Beute zu Fuß erjagten.

Viele Jägerinnen und Jäger empfinden das Jagderlebnis bei der Pirsch deutlich intensiver, weil sie aktiv in das natürliche Geschehen eintauchen und nicht nur als Beobachter von einem festen Standort aus agieren.

ANSPRUCHSVOLLE JAGDMETHODE

Die Pirschjagd wird auch gerne als die „Krone der Jagd" bezeichnet. Dies schmälert etwas die Herausforderungen der Jäger auf der Ansitz- oder Bewegungsjagd, die in anderer Form ebenfalls sehr groß sein können. Allerdings ist diese Bezeichnung wiederum verständlich, wenn man bedenkt, dass sich der Jäger bei der Pirschjagd den Jagderfolg selbst erlaufen und im Gebirge sogar ersteigen muss. Zusätzlich kommen weitere Bedingungen hinzu, die alle berücksichtigt werden müssen und den Jagderfolg teilweise erheblich beeinflussen.
Die beschriebenen Faktoren sind nicht abschließend und werden in den weiteren Kapiteln detailliert erläutert sowie ergänzt.

Bei der Pirsch im Gebirge wird der Jäger körperlich teils stark gefordert.

Nur wer gut vorbereitet ist, wird bei der Bergjagd sicher schießen und mit Beute belohnt.

ENTDECKEN, ERKENNEN, ANSPRECHEN, ANNÄHERN, ERLEGEN

Diese fünf Worte fassen in kompakter Form die Kunst der Pirschjagd zusammen. Wie vielschichtig und komplex jeder einzelne Schritt ist, zeigt sich daran, dass manchen dieser Themen in diesem Buch ganze Kapitel gewidmet sind. Das Auffinden und sichere Erkennen des Wildes sind bei der Pirsch deutlich anspruchsvoller als bei jagdlichen Methoden mit festem Standpunkt. Hat der Jäger ein Tier entdeckt, folgt zunächst die Artbestimmung, anschließend sind Geschlecht, Altersklasse und sonstige Kriterien für eine Abschussfreigabe zu prüfen. Bevor ein Schuss in Erwägung gezogen wird, muss die Schussentfernung genau abgeschätzt oder gemessen werden. Befindet sich das Stück außerhalb der sicheren Schussdistanz, ist häufig ein vorsichtiges Weiterannähern erforderlich. Dabei gilt es, Windrichtung, Deckung und mögliche Laufstrecke des Wildes zu beachten, um das Stück nicht vorzeitig zu beunruhigen. Schließlich stellt die eigentliche Schussabgabe unter Pirschbedingungen besondere Anforderungen: Der Schütze muss außerhalb von Schießständen oder Hochsitzen eine möglichst stabile Anschlagsposition finden und alle sicherheitsrelevanten Aspekte – Kugelfang, Blickfeld, Schusswinkel – berücksichtigen, um einen waidgerechten sowie präzisen Schuss zu gewährleisten.

JÄGER IN BEWEGUNG

Der Jäger ist während der Pirsch meist nicht sehr lange an einem Standort. Durch das Schleichen, Pirschen oder Gehen ergibt sich fortlaufend ein anderer Blick- und damit auch Schusswinkel. Somit ändert sich auch die Situation hinsichtlich der Vegetation sowie des Geländes. Dies muss der Pirschjäger stets berücksichtigen und in seine weitere Vorgehensweise einplanen. Dadurch ist seine Aufmerksamkeit permanent gefordert.

Die sich verändernde Umgebung ist nicht nur ein Faktor für das Erkennen von Wild und der möglichen Schussabgabe. Zusätz-

Bei der Pirchjagd ist der Jäger immer in Bewegung. Die Schussposition verändert sich daher von Situation zu Situation.

Bei meinen waldpädagogischen Veranstaltungen erkenne ich sehr schnell, welche Menschen, egal welchen Alters, sich fast ausschließlich auf künstlichen Untergründen wie Asphalt, Parkett, Fliesen oder Teppichböden bewegen. Diese Menschen bewegen sich im Wald, auf natürlichem Untergrund, extrem unbeholfen und unsicher, weil sie es nicht trainiert haben. Bei Kindergartengruppen ist es teilweise so krass, dass die untrainierten Kinder häufig stürzen, weil sie unregelmäßigen Untergrund nicht kennen. Natürlich lernen vor allem Kinder damit sehr schnell umzugehen, aber ohne diese Trainingsreize eben auch nicht. Daher ist es für den Pirschjäger ein wertvolles Training, mit Balanceboards oder Balancekissen regelmäßig kleine Übungen zu absolvieren. Diese Trainingsgeräte sind nicht sehr teuer und haben den positiven Nebeneffekt, dass nicht nur der muskuläre Gleichgewichtssinn, sondern die gesamte Stützmuskulatur des Körpers trainiert wird. Das wirkt einer der häufigsten Zivilisationskrankheiten, Rückenprobleme, massiv entgegen.

lich verändert sich auch immer wieder der Untergrund, auf dem die Pirsch stattfindet. Da es ein wesentlicher Punkt für erfolgreiches Pirschen ist, dass sich der Jäger sowohl leise als auch mit wenig unnötigen Bewegungen fortbewegt, kommt diesem Umstand eine hohe Bedeutung zu. Der Gleichgewichtssinn ist dabei nämlich im besonderen Maß gefordert. Denn der Pirschjäger will ja nach Wild Ausschau halten und nicht ständig den Untergrund im Blick behalten. Unebenheiten, Steine, Stöcke und Löcher auf der Pirschstrecke erkennt der Jäger im Idealfall mit dem Fuß. Diese Anomalien im Untergrund erkennt der Gleichgewichtssinn über Fußsohle sowie Sprunggelenk und deren Nerven sowie Muskeln. Ohne Hinzusehen gleicht der

Mit einem sogenannten Balancebrett kann das Gleichgewichtsgefühl trainiert werden.

Früher wurde Wild im Gelände mit dem Fernglas gesucht. Heute wird häufig mit dem Wärmebildgerät gesucht und mit dem Fernglas angesprochen.

Körper diese Unebenheiten aus und der Waidmann kann ohne Ausgleichsbewegungen von Oberkörper und im schlimmsten Fall der Arme unauffällig Pirschen. Das Ganze erfordert jedoch regelmäßiges Training.

Früher galt der Lehrsatz „auf der Pirsch mehr stehen als gehen" als eine der zentralen Regeln für den Jagderfolg. Bei der klassischen Pirsch hatte diese Empfehlung ihre volle Berechtigung: Das Wild wurde in erster Linie mit dem bloßen Auge und gegebenenfalls mit dem Fernglas gesucht. Nach nahezu jeder Wegbiegung war es daher notwendig, innezuhalten und das Gelände sorgfältig zu beobachten. Oft ließ sich Wild erst dann ausmachen, wenn es sich bewegte, da Fellfarbe, Vegetation und Untergrund optisch ineinander übergingen und ein rasches Erkennen erschwerten. Umso wichtiger waren regelmäßige und längere Beobachtungspausen. Der Erfolg der Pirsch hängt maßgeblich davon ab, dass der Jäger das Wild wahrnimmt, bevor dieses den menschlichen Jäger bemerkt. Daher zeichnete sich die Pirsch durch ein ruhiges, langsames Vorgehen aus, bei dem jeder neue Blickwinkel Anlass bot, stehenzubleiben und die Umgebung gründlich abzuglasen. Mittlerweile haben wir aber andere Möglichkeiten. Durch die Verwendung von Wärmebildtechnik hat sich die Vorgehensweise bei der Pirsch deutlich verändert. Der Jäger kann mithilfe von handlichen Wärmebildhandgeräten viel schneller große Flächen nach Wild absuchen. Eine Bewegung des Tieres ist nicht mehr erforderlich, trotzdem kann es sofort erkannt werden. Dazu reicht auch schon eine kleine Fläche an freier Sicht, meist ist Handflächengröße ausreichend, um ein Stück Wild zu erkennen. Mit diesem Verfahren ist es nun möglich, deutlich schneller und somit auch längere Strecken zu pirschen. Die Pirschjagd verliert dann, mithilfe der Wärmebildtechnik, zwar ihren beschaulichen und fast schon meditativen Charakter, jedoch wird die Jagd damit natürlich deutlich effektiver. Allerdings ist dann ein Pirschgang von beispielsweise zwei Stunden körperlich und mental auch deutlich anstrengender. Zum einen, weil durch das höhere Tempo gleichzeitig auch erheb-

lich mehr Strecke zurückgelegt wird, zum anderen wird mit der Wärmebildkamera am Auge die Aufmerksamkeit und Konzentration permanent gefordert.
Wegen der höheren Anforderungen an Kondition und Konzentration hat sich auch die Ausrüstung für die Pirschjagd merklich verändert. Zum einen wird immer mehr Augenmerk auf die Gewichtsreduzierung bei der Ausrüstung gelegt, zum anderen hat in puncto Verpflegung der Energieriegel den Speck abgelöst. Die Details dazu erfahren Sie in einem der folgenden Textabschnitte, in dem es dann detailliert um die empfohlene Ausrüstung des Pirschjägers geht.
Die Effektivität der Jagd wird durch neue Technik deutlich gesteigert. Dies hat vor allem zwei Gründe. Erstens wird das Wild schon frühzeitig, häufig auf große Distanz erkannt. Früher war es beinahe normal, dass ein hoher Anteil des Wildes den Pirschjäger zuerst erkannte und sich der Bejagung durch wegdrücken oder Flucht entziehen konnte. Mit der Thermaltechnik kann sich der Jäger einen großen Vorteil verschaffen. Damit wird das Wild meist schon dann erkannt, wenn es noch lange nicht in der Lage ist, den Menschen wahrzunehmen. Der zweite Grund ist eine Folge dessen. Weil der Jäger das Wild meist zuerst entdeckt, kann er sein Verhalten entsprechend anpassen und sich bei Bedarf sogar komplett zurückziehen. Dies beispielsweise, wenn er erkennt, dass gar kein bejagbares Stück Wild in Anblick ist. Durch das rechtzeitige Entfernen aus dem möglichen Fokus des Wildtieres, wird dieses auch viel weniger gestört und bleibt merklich vertrauter. Die Störung des Wildes durch den Jäger wird dadurch deutlich reduziert. Welchen Einfluss die Störung auf das Verhalten des Wildes haben kann, wird im weiteren Verlauf des Buches näher beschrieben.
Eine Ausnahme in der Vorgehensweise bildet dabei nach wie vor die Jagd im Gebirge. Hierbei spielt die Wärmebildtechnik immer noch keine entscheidende Rolle. Dort wird wegen der größeren Sichtweite, den vielen Felsen und Sonneneinstrahlung nach wie vor wenig mit Wärmebildtechnik gearbei-

Mit Wärmebildtechnik lässt sich Wild bereits auf größere Distanz im Rahmen der Pirsch ausmachen.

tet. Im Gebirge gilt es nach wie vor, das Wild mit dem Auge bzw. dem Fernglas zu finden und gegebenfalls mit dem Spektiv anzusprechen. Anschließend muss der Bergjäger eine Route festlegen, über die er dann möglichst unbemerkt auf Schussdistanz an das Wild heranpirschen kann.

BEWEGUNG KOMMT VOR TARNUNG

Bei der optischen Wahrnehmung vieler Wildtiere spielt Bewegung eine deutlich größere Rolle als die Tarnung. Ein unbewegter Mensch in normaler unauffälliger Kleidung und mit geringer Deckung wird meist nur schwer vom Wildtier wahrgenommen. Dagegen genügt schon eine kleine, unbedachte Bewegung, um unmittelbar die Aufmerksamkeit und das Misstrauen des Wildes zu erlangen.

Warum dies so ist, lässt sich leicht mit dem Sehsinn der Wildtiere erklären. Dazu eine kurze Erklärung zur Funktionsweise des Auges beim Menschen und beim Wildtier. Vereinfacht dargestellt: Die Lichtwellen werden durch die Linse des Auges auf die Netzhaut projiziert. Auf der Netzhaut befinden sich unterschiedliche Rezeptoren, die diese Wellen verarbeiten können. Für verschiedene Wellenlängenbereiche gibt es unterschiedliche Rezeptortypen. Dabei erkennen die Zäpfchen verschiedene Farbspektren und die Stäbchen erkenne Helligkeitsunterschiede. Das menschliche Auge verfügt über drei unterschiedliche Zäpfchentypen (Trichromat) und ermöglicht uns somit das Farbsehen. Die meisten Wirbeltiere, auch unser Schalenwild, verfügt nur über zwei Zäpfchentypen (Dichromaten) und kann darum einige Farben wie beispielsweise Rot oder Orange nicht erkennen. Die Anzahl der Stäbchen, die für das Dämmerungs- und Nachtsehen verantwortlich sind, ist bei Wildtieren deutlich größer als beim Menschen. Zusätzlich besitzen nachtaktive Säugetiere eine reflektierende Schicht *(Tapetum lucidum)* unter der Netzhaut, welche das Lichtwahrnehmungsvermögen um ein Vielfaches steigert. Allerdings verringert die gute Nachtsehleistung den Kontrast und die Schärfe von Details.

Wildtiere besitzen im Auge deutlich mehr Stäbchen als Zäpfchen. Beim menschlichen Auge ist die Verteilung anders herum. Darum ist auch die Sehleistung beim Menschen in der Nacht deutlich reduziert. Beim Schalenwild sind die Stäbchen vermehrt an den Rändern der Pupille konzentriert. Somit

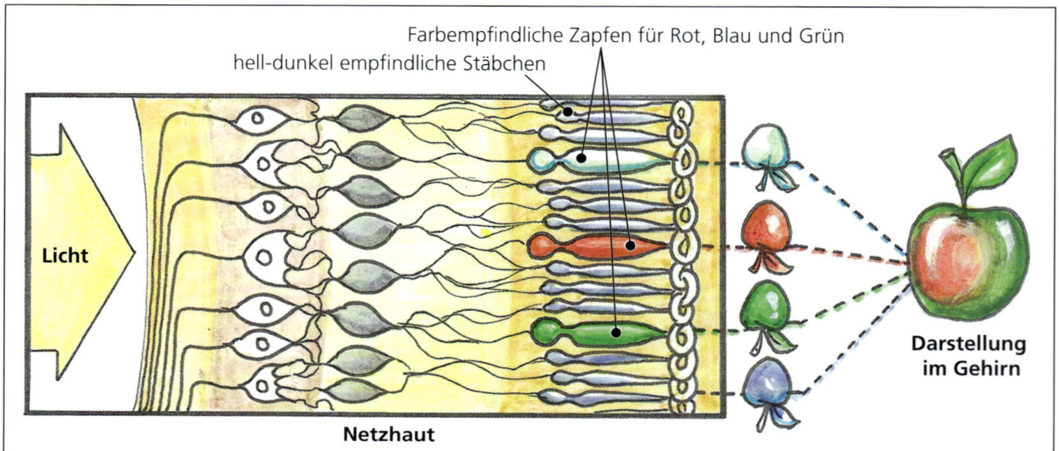

Verschiedene Farbtöne werden auf der Netzhaut von unterschiedlichen Rezeptoren registriert.

nimmt das Wild feinste Veränderungen des Lichts sehr schnell wahr (Bewegung, Schatten) und vor allem dann, wenn die Veränderung im Bereich der Peripherie erfolgt. Der potenzielle Fressfeind soll schon beim Eintritt in das Sehfeld erkannt werden.
Wie die meisten landlebenden Prädatoren haben auch wir Menschen die Augen nach vorn gerichtet, um ein breites räumliches Gesichtsfeld zu erreichen. Dies ist notwendig, um Entfernungen abzuschätzen, räumliches Sehvermögen zu erhalten und bei der Jagd zu fokussieren. Bei Fluchttieren als potenzielle Beutetiere sind die Augen seitlich angeordnet. Damit erreichen die Tiere beinahe einen Rundumblick von 310 Grad, allerdings geht dies wiederum zulasten des räumlichen Sehens, welches nur in einem schmalen Bereich nach vorne zur Verfügung steht. Der menschliche Sehbereich hat da deutlich mehr 3D-Sicht (binokulares Sehen), allerdings beträgt der Sehbereich nur etwa 200 Grad.

Wer sich verstecken will, muss verstehen, wie gesehen wird. Mit den beschriebenen Erkenntnissen zum Sehsinn unserer Wildtiere können wir nun eine klare Priorisierung definieren. Die größte Gefahr für uns Jäger, von Wildtieren entdeckt zu werden, liegt in unserer eigenen Bewegung. An zweiter Stelle steht die Kontur, also die typische menschliche Silhouette. Ganz zum Schluss kommt erst die Farbe. Konkret bedeutet dies, dass wir beim Pirschen jede unnötige Bewegung vermeiden sollten, um nicht erkannt zu werden. Zusätzlich sollten wir aber darauf achten, dass unsere Silhouette nicht als Kontrast zum Vorschein kommt. Dabei hilft vor allem die strategische Wahl des optimalen Pirschwegs. Dabei sollten wir möglichst gedeckt von Vegetation oder gar Gelände sein. Beispielsweise ist es sinnvoll, im Waldinnenrand zu pirschen und nicht direkt an der Waldkante. Dasselbe gilt auch für Höhenrücken und Grate – auch dort ist es deutlich effektiver, hinter der Kante zu

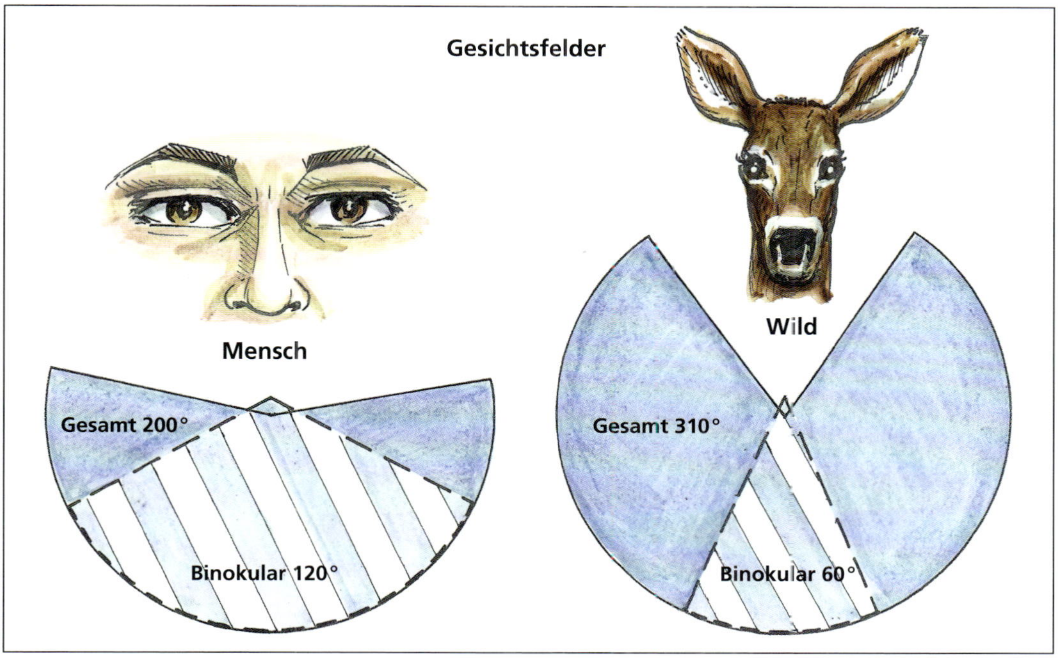

Das Gesichtsfeld des Wildes ist deutlich größer als das des Menschen.

pirschen und an vielversprechenden Punkten langsam über die Geländekante zu blicken, um die Fläche abzusuchen.
Ziel ist es ja vor allem, wie gerade beschrieben, dass man sich dem Blick der Wildtiere durch geschicktes Verhalten und Streckenwahl entzieht. Doch das ist nicht immer möglich. Um dann möglichst unauffällig zu sein, nutzten die Menschen schon immer Tarnkleidung im weiteren Sinn. Durch Höhlenzeichnungen aus der Steinzeit ist bekannt, dass die Steinzeitjäger eine Art Tarnkleidung nutzten, aber natürlich nicht im modernen Sinn mit Muster wie Flecktarn, Realtree oder Camouflage. Jedoch bestand ihre Kleidung aus Naturmaterialien, die dadurch automatisch unauffällig war und die Kontur der Menschen mit der Umgebung verschmelzen ließ. Hinzu kamen Felle, Tiermasken und Körperbemalung, die die Tarnung bzw. Illusion verstärkten. Vom Erzherzog Johann ist im Museum in Stainz die Gamshaube ausgestellt. Zusammen mit seinem Gamsmantel wurde die Haube aus einer Gamsdecke mit aufgesetzten Krucken zur Jagd als Tarnkleidung verwendet.
Also immer dann, wenn der Mensch seine Bewegung und Kontur nicht verstecken kann, verwendet er farblich angepasste Kleidung, um seine Erscheinung möglichst zu verschleiern oder etwas anderes, beispielsweise Artgenossen, vorzutäuschen.
Mittlerweile gibt es eine sehr breite Palette an Tarnkleidung, die an die verschiedenen Umgebungen sowohl von Farbe wie auch Muster angepasst ist. Allerdings sollte man dabei immer bedenken, dass Wildtiere die Farben völlig anders wahrnehmen als unser Auge und somit die für unser Auge optimale Tarnung vom Wild trotzdem wahrgenommen werden kann.
Grundsätzlich erfüllt die Tarnkleidung folgende Aufgaben:

— Die Kontur/Silhouette des Jägers wird vor dem Hintergrund im Gelände verwischt. Möglichst sollten durch das gewählte Tarnmuster die Linien des Körpers mit dem Hintergrund verschmelzen. Dazu ist eine einheitliche Farbe in aller Regel ungeeignet. Ausnahmen bestätigen auch hier die Regel dann, wenn der Hintergrund bzw. Untergrund ebenfalls einheitlich ist wie beispielsweise im Falle von Schnee oder Sand. Aus größerer Distanz betrachtet, verschmelzen Tarnmuster mit dem Hintergrund am besten, wenn sie aus großflächigen und kontrastreichen Mustern bestehen.

Durch Wahl geeigneter Tarnkleidung sind die beiden Jäger in diesem Fall nahezu insichtbar im Gelände.

Die hellen Hände sind insbesondere in dunkleren Waldbereichen sehr rasch zu entdecken.

Abhilfe schaffen hier Tarnhandschuhe.

— Durch eine an die Umgebung angepasste Farbgestaltung soll die Tarnkleidung zusätzlich zur Verschleierung der Silhouette die gesamte Oberfläche in ihrer Auffälligkeit reduzieren. Dies kann man sich am besten mit den hellen Händen oder dem hellen Gesicht veranschaulichen. Wenn diese hellen Hautpartien durch Stoff in Umgebungsfarbe getarnt sind, wird es für das Wild deutlich schwieriger, den menschlichen Jäger zu entdecken.

Die beste Tarnkleidung hilft nicht, wenn die Bewegung unruhig, hektisch oder unbedacht erfolgt. Deshalb steht die Kontrolle der eigenen Bewegungen immer über der reinen visuellen Tarnung. Wer bei der Pirschjagd erfolgreich sein will, muss vor allem lernen, sich in Tempo und Rhythmus an die Wahrnehmung des Wildes anzupassen. Generell ist Vermeidung besser als Tarnung und so sollte sich der Jäger fragen, wie er möglichst nicht in das Blickfeld seiner potenziellen Beute kommt.

— Prioritäten beachten: Bewegung, Silhouette, Tarnung.
— Deckung nutzen: Bewegungen möglichst im Schutz von Vegetation, Geländewellen oder Schatten ausführen, sodass die Sichtbarkeit für das Wild reduziert wird.
— Standzeiten einhalten: Stehen bleiben, wenn Wild sichert und abwarten, bis das Wild die eigene Silhouette wieder ausgeblendet hat, bevor der nächste Schritt gemacht wird.
— Die eigene Silhouette im Kontext mit dem Hintergrund beachten.
— Zur Umgebung passende Tarnkleidung wählen, auch Hände und Gesicht.
— Bewegung kontrollieren: Jede Bewegung sollte bewusst und in möglichst kleinen, fließenden Abläufen erfolgen.
— Bewegungen in horizontaler Richtung werden vom Wild sehr schnell wahr genommen.
— Bewegungen in Richtung des Wildes werden schlechter erkannt.
— Optiken vorsichtig einsetzen: Das Ansetzen von Fernglas oder Büchse sollte extrem langsam erfolgen, ohne Querbewegungen, da vor allem diese vorrangig erkannt werden.

ALLE SINNE SIND GEFORDERT

Wie bei keiner anderen Jagdmethode sind bei der Pirschjagd alle Sinne gefordert. Neben dem beschriebenen Gleichgewichtssinn ist vor allem das Sehen elementar für uns, um die Umwelt wahrzunehmen. Meist erkennen wir das Wild optisch. Entweder mit bloßem Auge, mit dem Fernglas oder über die Wärmebildkamera. Auf diesem Sinn, also dem Sehsinn, basiert auch die Hauptstrategie der Pirschjagd. Wir erkennen mit unseren Augen Licht, Farbe, Formen und Bewegungen. Der menschliche Sehsinn ist, wie oben erläutert, sehr speziell auf Farberkennung und dreidimensionales Sehen ausgelegt. Das wahrnehmbare Lichtspektrum ist sehr breit, so dass unser Auge über ein sehr gutes Farbsehen verfügt. Zusätzlich kann der Mensch Entfernungen im Raum hervorragend erkennen, weil das dreidimensionale Sehen sehr gut ausgeprägt ist. Dies geht zulasten der weniger gut ausgeprägten Sehleistungen in der Dämmerung oder auch des Bewegungssehens. Im Vergleich zu anderen Beutegreifern, wie beispielsweise Greifvögeln, ist das Entfernungssehen des Menschen recht bescheiden. Greifvögel haben etwa drei bis viermal mehr Photorezeptoren auf der Netzhaut als der Mensch. Dadurch ist die Auflösung des Bildes, vergleichbar mit einem Bildschirm mit höherer Pixelanzahl, deutlich schärfer. Zusätzlich besitzen Greifvögel eine zweite Sehgrube, was wie eine Art Fernglas zu verstehen ist, und es beispielsweise einem Falken ermöglicht, eine Taube auf einen Kilometer Entfernung zu erkennen. Davon ist der Mensch natürlich weit entfernt, weil seine Sinne für einen Generalisten ausgebildet wurden. Abhilfe schaffen wir uns auf der Jagd, indem wir Ferngläser, Spektive und Wärmebildgeräte verwenden. Somit erreichen wir mit Hilfsmitteln Sehleistungen, die so im Tierreich nicht möglich sind.

Der nächste Sinn, den wir natürlich auch auf der Jagd nutzen, ist der Gehörsinn. Das Gehör des Menschen nimmt das Spektrum von etwa 16 bis 20.000 Hertz (Hz) wahr,

Spektive ermöglichen das sichere Ansprechen der Stücke selbst auf große Distanzen.

Wild tritt im Gebirge häufig kleine Steine los, die dann bergab poltern. Das sogenannte Steineln kündigt dem Jäger Wild an.

wobei die höchste Empfindlichkeit in den Frequenzbereichen der menschlichen Sprache, zwischen 500 und 5000 Hz, liegt. Auch bei der Leistung des Gehörs nimmt der Mensch keine Spitzenstellung ein, zumal mit zunehmendem Alter auch hier eine deutliche Abnahme zu erkennen ist. Der Gehörsinn wird bei der Pirschjagd eher seltener genutzt, um Tiere wahrzunehmen. Trotzdem sollte auch bei der Pirschjagd auf Geräusche geachtet werden, so beispielsweise zur Kontrolle der eigenen Geräuschkulisse. Die Laute entstehen dabei vor allem durch den Bodenkontakt der Schuhe oder Pirschsocken, vor allem verursacht durch trockenes Laub, Gras, Stöcke, Steine oder Schnee und Eis. Auch ungeeignete Kleidung kann recht laut sein, wenn sie stark raschelt oder durch Reibung Geräusche verursacht. Zum anderen kann der Pirschjäger unter Umständen Wild, bevor es noch in Anblick kommt, aufgrund von Geräuschen frühzeitig wahrnehmen. Dies können beispielsweise losgetretene Steine im Gebirge (steineln), raschelndes Laub, knackende Äste oder auch Lautäußerungen des Wildes sein. Alle diese Geräusche können für den aufmerksamen Jäger ein Hinweis darauf sein, dass sich Wild in seiner Nähe befindet. Durch entsprechendes Reagieren kann somit die Chance erhöht werden, das Wild frühzeitig zu erkennen und somit zum Jagderfolg zu kommen.
Der letzte, beim Menschen am schwächsten entwickelte Sinn, ist der Geruchssinn. Unser Geruchsvermögen ist sehr weit entfernt von der Wahrnehmungsstärke der Tiere.

Wohl jeder Jäger kennt den Geruch von Sauen, der viele an den Geruch einer bekannten Gewürzsauce erinnert.

Riechtraining: Bekannt aus der Medizin vor allem nach Riechstörungen durch Infekte. Dazu werden vier definierte Düfte (Rose, Eukalyptus, Zitrone, Nelke) täglich gerochen und die Unterschiede bewusst wahrgenommen. Studien haben gezeigt, dass sich die Riechleistung dadurch messbar verbessert.
Bewusste Differenzierung im Alltag: In verschiedenen Alltagssituationen, beispielsweise in der Küche oder im Wald, aktiv Gerüche benennen. Ähnliche Düfte zum Beispiel von verschiedenen Kräutern vergleichen. Dies schärft die Wahrnehmung.
Sensorisches Training: Sommeliers, Parfümeure oder Kaffeeverkoster trainieren mit Duftbibliotheken, um das Erinnern und Wiedererkennen von Gerüchen zu üben. Durch solches Training wird vor allem die Unterscheidungsfähigkeit und das Bewusstsein für Gerüche gefördert. Die Wahrnehmungsleistung für Gerüche, also wie geringe Konzentrationen wahrgenommen werden können, ist durch die Rezeptoren-Anzahl biologisch begrenzt.

Allein im Vergleich zum Jagdhund, der im Tierreich noch lange keine Spitzenrolle einnimmt, sind wir mit der Nase eigentlich blind. Trotzdem können wir gelegentlich Wildtiere per Geruch detektieren. Fast jeder Jäger hat schon einmal den würzigen Geruch von in der Nähe liegendem Schwarzwild wahrgenommen. Mit etwas Übung kann man das auch vom Geruch unterscheiden, den verrottendes Eichenlaub verursacht. Auch kann man gelegentlich das in der Nähe stehende Rotwild riechen. Nicht nur der beinahe schon stinkende Brunfthirsch ist für den Menschen erkennbar, sondern auch ein einzelnes Schmaltier kann bei gutstehendem Wind vom Menschen mit der Nase wahrgenommen werden. Nimmt man auf der Pirschjagd einen entsprechenden Wildgeruch wahr, kann man die anderen beiden Sinne – Sehsinn und Gehör – zu Hilfe nehmen, um die Tiere möglicherweise zu lokalisieren.
Nicht nur der Gleichgewichtssinn kann und sollte trainiert werden, sondern auch der Geruchssinn wird durch Übung verbessert. Natürlich erreichen wir dadurch nie das Riechvermögen von Tieren, allerdings wird durch gezieltes Training die Wahrnehmung und Erinnerung daran merklich verbessert. Dieses Training bereichert auch andere Lebensbereiche, weil wir beispielsweise Speisen sowie Wein deutlich intensiver wahrnehmen können.

Wenn Wild aktiv ist, wechselt es auch häufiger über Straßen – dann ist ein guter Jagdtag.

WETTER & WIND

Da Jagd in der Natur stattfindet, spielt bei allen Jagdmethoden das Wetter und der Wind selbstverständlich eine erhebliche Rolle. Bei der Ansitz- und Drückjagd kann mittels eines Daches auf der Jagdeinrichtung beispielsweise Niederschlag abgehalten werden, was bei der Pirschjagd nicht möglich ist. Jedoch ist dies nur ein geringer Teil des – wenn auch für uns meist unangenehmen – Wettereinflusses. Auch auf das Wild hat das Wetter einen unmittelbaren Einfluss. Wo wird beispielsweise die Aktivität und damit Sichtbarkeit der Wildtiere maßgeblich durch das Wetter beeinflusst. Die Sichtbarkeit ist bei der Ansitzjagd vor allem von den Äsungsaktivitäten sowie -perioden des Wildes abhängig. Bei der Bewegungs-

jagd wird Wild durch die Beunruhigung durch Treiber sowie Hunde erreicht. Bei der Pirschjagd verhält sich das Ganze völlig anders. Der Jäger wartet dabei nicht auf das Wild an festen Punkten, sondern er versucht das Wild bei der Äsung oder in der Nähe der Einstände zu entdecken. Damit er erfolgreich ist, muss er das Verhalten des Wildes in Abhängigkeit von Wind, Wetter und Jahreszeit sehr genau kennen. Durch permanentes Beobachten, auch beispielsweise unter Zuhilfenahme von Wildkameras, kann sich der aktive Pirschjäger dieses Wissen aneignen. Schließlich liegt ein Schlüssel zum Erfolg bei der Pirschjagd darin, dass der Jäger den Aufenthaltsort des Wildes in Abhängigkeit von Wind, Wetter und auch der Jahreszeit in seinem Jagdbereich möglichst genau kennt. Dabei geht es auch darum, kurzfristige Phasen mit gesteigerter Aktivität zu erkennen. Beispielsweise versuche ich immer einen Ansitz oder Pirschgang einzulegen, wenn ich tagsüber im Verkehrsfunk mehrfach die Warnung „Wild auf der Fahrbahn“ gehört habe. Dann ist mir nämlich klar, dass heute ein Tag mit besonders hoher Wildaktivität ist. Somit steigen die eigenen Chancen erheblich, Beute zu machen.
Ebenso entscheidend ist es, den Wind stets im Auge zu behalten. Dafür ist ein gutes Maß an Revierkenntnis unerlässlich. Nicht selten zeigt sich, dass die Luftströmung an bestimmten Stellen des Reviers von der allgemeinen Hauptwindrichtung deutlich abweicht. Daher gehört es zur Pflichtübung des Pirschjägers, die Windverhältnisse in seinem Jagdgebiet bei allen möglichen Wettersituationen zu analysieren. Dazu können Puderwindprüfer, Seifenblasen oder auch Rauchbomben als Hilfsmittel verwendet werden. An Schlüsselstellen im Revier können auch feste Windfahnen aufgehängt werden, um die Windsituation stets im Blick zu haben. Diese helfen nicht nur dabei, den Wind wegen der wildvergrämenden Wirkung richtig einzuschätzen, sondern auch

Mit Rauchbomben kann der Windverlauf im Gelände sichtbar gemacht werden.

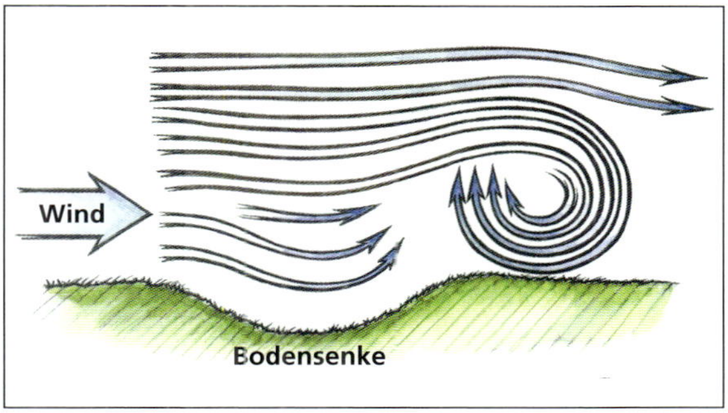

Senken haben teilweise großen Einfluss auf den weiteren Verlauf des Windes im Gelände.

um bei Schüssen auf größere Entfernungen die mögliche Windabdrift des Geschosses einzukalkulieren. Wichtig in diesem Zusammenhang ist, dass man sich bewusst macht, dass der Wind ab einer Entfernung von 150 m relevante Auswirkungen auf die Treffpunktlage des Geschosses hat. Wird auf größere Distanzen geschossen, sollte deshalb die Winddrift zwingend berücksichtigt werden. Damit dies in der Praxis sicher gelingt, muss das Einschätzen der Winddrift im Vorfeld der Jagd geübt werden. Den Themen Treffpunktlage, Ballistik und Winddrift widme ich im weiteren Verlauf dieses Buches ein eigenes Kapitel.
Besonders anfällig für drehenden Wind sind Waldränder oder Gehölzstreifen. Hier kommt es durch den Luftstau zur Ablenkung der Luftmassen in verschiedene Richtungen. Auch Geländesenken können die

WIND VERSTEHEN

— Um bei der Pirschjagd die jeweilige Windsituation richtig einschätzen zu können, sollte das Revier bei allen möglichen Wetter- und Windsituationen im Vorfeld der Jagd erkundet werden. Dabei können folgende Hilfsmittel verwendet werden:
— Windprüfer mit Puder
— Seifenblasen
— Fährtenmarkierungsband
— Rauchbomben (Pyrotechnik)

Ursache für drehenden oder gegenläufigen Wind sein. Bedingt durch Druckunterschiede in der Luftströmung, die über solche Senken bläst, entstehen häufig größere Luftwirbel.
Hinter Geländekanten, Hangabbrüchen oder steilen Böschungen verhält sich der Wind oft ebenfalls deutlich anders. Durch Verwirbelungen und Druckunterschiede können verschiedene Effekte auftreten.

Auf der Leeseite, im Windschatten, kann ein windstiller oder windärmerer Bereich auftreten. Diese Orte werden gerne von Wildtieren aufgesucht, weil sie dort geschützter stehen. Jedoch kann es auch vorkommen, dass sich im Windschatten kleinere Wirbel und Turbulenzen bilden. Dann ist in diesem Bereich die Luftströmung sehr unruhig.
Ist die Windstärke noch höher, entstehen häufig gegenläufige Strömungen. Solche Rückströmungen, auch Rotoren genannt, führen dazu, dass die Luftmasse in die Leeseite hineinrollt. So kann es beispielsweise vorkommen, dass bei starkem Westwind im Lee, also am Osthang, die Luftströmung entgegengesetzt verläuft und von Osten hangaufwärts zieht.
Der Kanalisationseffekt kommt immer wieder in Senken oder stark eingekerbten Tälern vor. Gefühlt sammelt sich der Wind in solchen Geländeeinschnitten und ändert nicht nur die Richtung, sondern auch die Geschwindigkeit. Neben der durch Hoch-

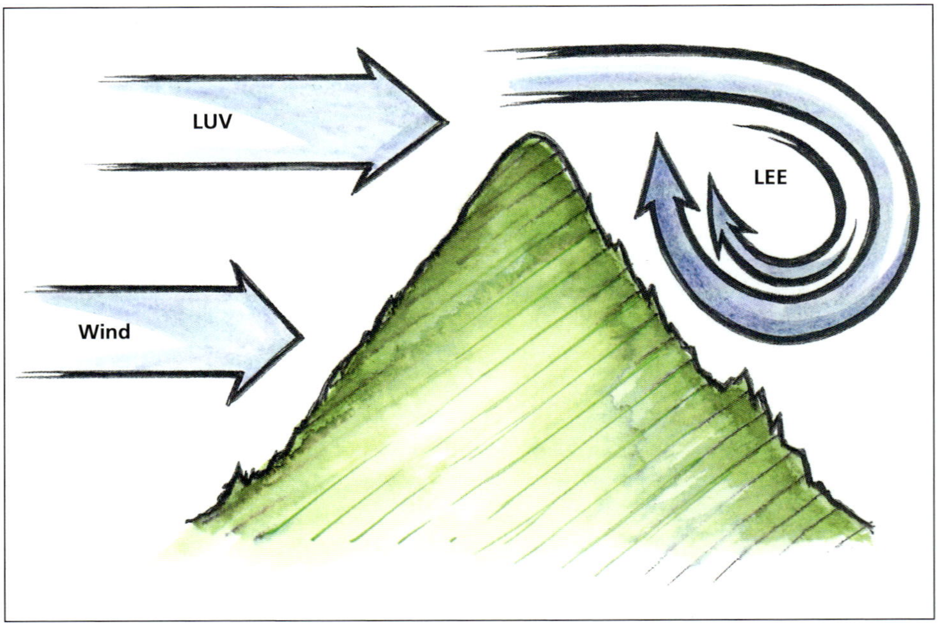

Auf der windabgewandten Seite von Erhebungen im Gelände kommt es zu Verwirbelungen.

und Tiefdruckgebiete bestimmten Hauptwindrichtung spielen auch thermische Luftbewegungen eine wichtige Rolle. Besonders im Gebirge sind diese deutlich spürbar und sollten bei der Jagd stets berücksichtigt werden. Typischerweise strömt die Luft von den Abendstunden bis in den Vormittag hinein bergab. Dieser sogenannte Fallwind entsteht, wenn sich die Luftschichten in den höheren Lagen schnell abkühlen und nach unten sinken. Mit Einsetzen der Sonneneinstrahlung am Morgen erwärmt sich die Luft erneut und steigt aufwärts – der Wind wechselt vom Fall- zum Aufwind, es kommt zu Thermik. Solche Effekte treten vor allem bei klarer Witterung und sonnenbeschienenen Hängen auf, während an Nordhängen die thermischen Strömungen häufig ganz anders verlaufen können.

Für eine erfolgreiche und störungsarme Pirsch ist es daher unerlässlich, die Windsituationen im Jagdgebiet genau zu kennen. Vor allem Waldlichtungen, Wiesentäler und markante Gelände- und Vegetationsstrukturen führen dazu, dass die Windfelder dort turbulent und unberechenbar sind.

VORSICHT HINDERNISSE

Eine zentrale Herausforderung bei der Pirschjagd resultiert aus dem Standort des Schützen. In aller Regel ist die Schießposition und damit der Anschlag von Situation zu Situation völlig verschieden, weil diese im freien Gelände und nicht auf festen Ansitzeinrichtungen eingenommen wird. Diesem Punkt wird in einem der folgenden Kapitel Rechnung getragen, weil diese Thematik im Rahmen der Jagdscheinausbildung in der Regel keine Rolle spielt, aber für einen präzisen Schuss essenziell ist.

Die Schussabgabe bei der Pirschjagd erfolgt in aller Regel vom Boden aus. Entweder stehend, kniend oder sogar liegend. Durch diese relativ niedrige Schussposition besteht immer die Gefahr, dass sich Bewuchs oder Äste in der Geschossflugbahn befinden.

- Windprüfer und Windfahnen können wichtige Informationen liefern.
- Prüfen Sie regelmäßig die Windrichtung in ihrem Jagdgebiet.
- Lernen Sie die Besonderheiten des Windes in ihrem Revier kennen.
- Windverhältnisse sind nicht allein aus der Hauptwindrichtung ableitbar, sondern hängen stark von Mikrorelief und Geländeform ab.
- Je größer die Distanz zum Wild, desto geringer ist die vergrämende Wirkung der Wittrung des Jägers.
- Bei stärkerem Wind ist mit Rückströmungen zu rechnen, bei Thermik zusätzlich mit vertikalen Bewegungen.

Diesen Umstand muss der Pirschjäger berücksichtigen und ausschließen, ansonsten sind Fehl- oder Krankschüsse unvermeidbar. Daher ist vor der Schussabgabe Pflicht, das freie Vordergelände, wie Jagdschüler das mantraartig lernen, zu überprüfen. Dabei reicht der Blick durch das Zielfernrohr nicht aus. Hindernisse im Nahbereich werden durch die Zieloptik häufig gar nicht wahrgenommen, da der Fokus der Optik meist im Bereich von rund 100 Meter liegt. Des Weiteren liegt die Geschossflugbahn im Nahbereich zum Schützen deutlich unterhalb der Sehachse, da zwischen Laufachse und Sehachse, je nach Montage der Zieloptik, zwischen 50 und 90 Millimeter liegen. Im Zweifelsfall müssen Vegetation oder Äste unmittelbar vor der Mündung beseitigt oder die Position des Jägers komplett verändert werden, um Hindernisse in der Geschossflugbahn zu beseitigen oder zu verhindern.

Würde das Projektil vor dem Wildkörper auf ein Hindernis treffen oder dies auch nur touchieren, wird mit großer Wahrscheinlichkeit die gewünschte Treffpunktlage nicht erzielt. Ablenkung, Deformation oder Zerlegung des Geschosses sind dadurch sehr wahrscheinlich. Wird das Tier trotzdem

Insbesondere beim Blick durch die Zieloptik fallen Hindernisse zwischen Lauf und Ziel häufig ncht auf.

Selbst Grashalme können das Geschoss hinsichtlich seiner Wirkung massiv beeinflussen.

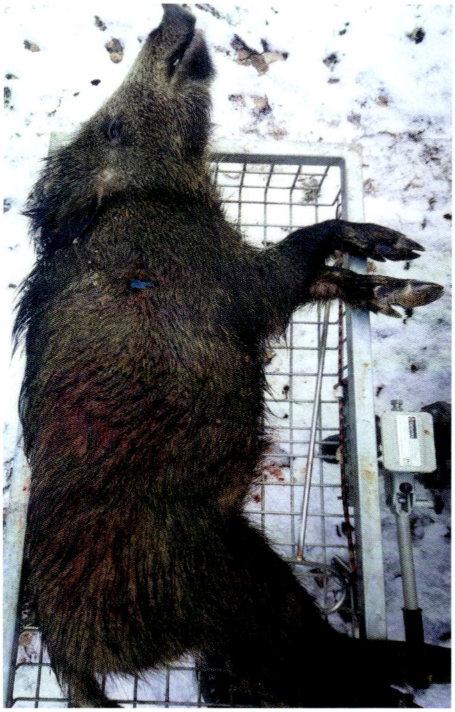

Der Einschuss liegt mittig auf dem Blatt der Sau.

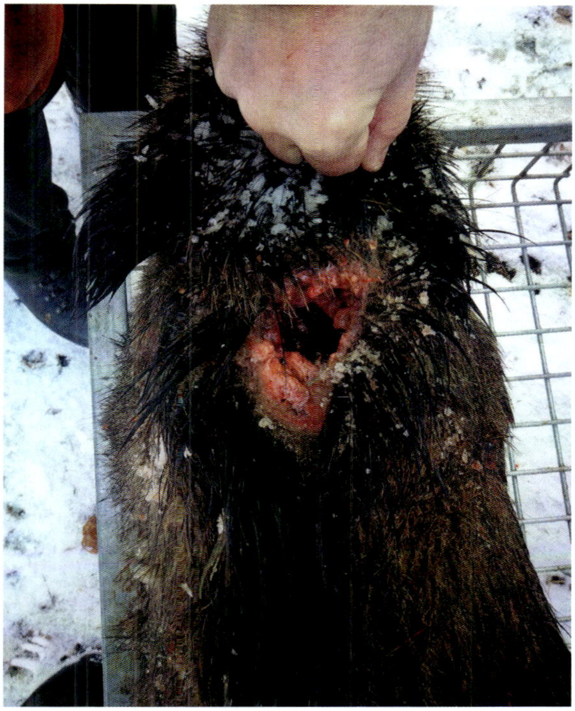

Das Geschoss trat trotzdem im Rückenbereich der Wutz aus.

noch getroffen, sind veränderte Treffpunkte, Splitterverletzungen oder auch Steckschüsse keine Seltenheit. Dadurch ist es dann auch deutlich erschwert, die Anschüsse zu finden, weil die Projektile teilweise mit reduzierter Energie auftreffen. In solchen Fällen fallen Pirschzeichen deutlich reduziert aus. Bei Steckschüssen sind nahezu gar keine Pirschzeichen am Anschuss zu finden. Auch eine Folge von Hindernissen in der Geschossflugbahn kann es sein, dass das Projektil ins Taumeln gerät oder sich während des Fluges sogar überschlägt. Ein präziser Treffer ist dann nicht mehr gewährleistet. Sollte das Projektil trotzdem noch auf dem Wildkörper auftreffen, weicht die Zielballistik häufig deutlich von der gewünschten Geschosswirkung ab. Mit hoher Wahrscheinlichkeit ist die Richtung des Geschosses im Zielmedium nicht vorhersehbar. Erfahrungen aus Nachsuchensituationen, bei denen die freie Geschossflugbahn situationsbedingt nicht immer gewährleistet ist, haben gezeigt, dass Abweichungen der Flugbahn im Wildkörper von 90 Grad keine Seltenheit sind. In einem Fall hat ein Schütze auf eine breit stehende Sau geschossen und dabei trotz Berührung des Projektils mit einem Ast exakt den gewünschten Haltepunkt im Blattbereich

- Kontrollieren Sie stets die freie Geschossflugbahn (Vordergelände).
- Nutzen Sie Geländeerhebungen für den Standplatz.
- Eine höhere Position der Waffe beispielsweise durch Bipod oder Schießstock ergibt häufig freies Schussfeld.
- Schneiden Sie im Vorfeld der Jagd an den vermuteten Standplätzen ein Schussfenster frei.
- Geben Sie im Zweifelsfall lieber keinen Schuss ab.

getroffen. Durch den Kontakt zwischen Geschoss und Ast kam es jedoch zu einer Richtungsveränderung des Geschosses im Wildkörper. Obwohl der Einschuss im zentralen Bereich des Blattes lag, trat das Geschoss zwischen dem oberen Rand des Schulterblattes und der Wirbelsäule wieder aus dem Wildkörper aus, ohne die Kammer zu verletzen.

PROBLEMFALL KUGELFANG

Zusätzlich zum oben beschriebenen freien Vordergelände ist bei jeder Schussabgabe auch auf sicheren Kugelfang zu achten. Obwohl dieses Thema ein wesentlicher Bestandteil der Jagdausbildung ist, wird es in der späteren Jagdpraxis regelmäßig vernachlässigt oder nicht beachtet.
Definiert ist Kugelfang als gewachsener Boden. Durch regelmäßige Befahrung verdichtetes Erdreich stellt keinen gewachsenen Boden und somit keinen sicheren Kugelfang dar. Schon gar nicht dürfen Forstwege als Kugelfang angesehen werden. Das Eindringen des Projektils ist hier praktisch unmöglich. Abpraller sowie herumfliegende Geschosssplitter sind dann die Folge. Die geringe Anzahl an Waldbesuchern in den Revieren während der Hauptjagdzeit in den frühen Morgen- und Abendstunden trägt dazu bei, dass es nicht zu mehr Unfällen mit abgeprallten Jagdgeschossen oder Geschosssplittern kommt.

ZEHN GRAD SIND PFLICHT

Zum Kugelfang gibt es verschiedene Untersuchungen. Die prominenteste stammt aus dem Jahr 2009 und wurde von der Deutschen Versuchs- und Prüfanstalt für Jagd- und Sportwaffen (DEVA) durchgeführt. Dabei kamen die Fachleute zu dem Ergebnis, dass ein Geschoss beim Eintritt in weiches Erdreich einen Mindest-Einfallswinkel von zehn Grad nicht unterschreiten darf – andernfalls besteht hohe Wahrscheinlichkeit für Abpraller. Bei einem auf ebener Fläche stehenden Schützen wird dieser Winkel bereits ab Schussdistanzen von etwa zehn Metern nicht mehr erreicht.

ZUVERLÄSSIGKEIT IN GEFAHR

Vor allem bei der Pirschjagd in flachem Gelände kommt dem Schusswinkel und somit dem sicheren Kugelfang eine enorm hohe Bedeutung zu. Da die Schussabgabe in aller

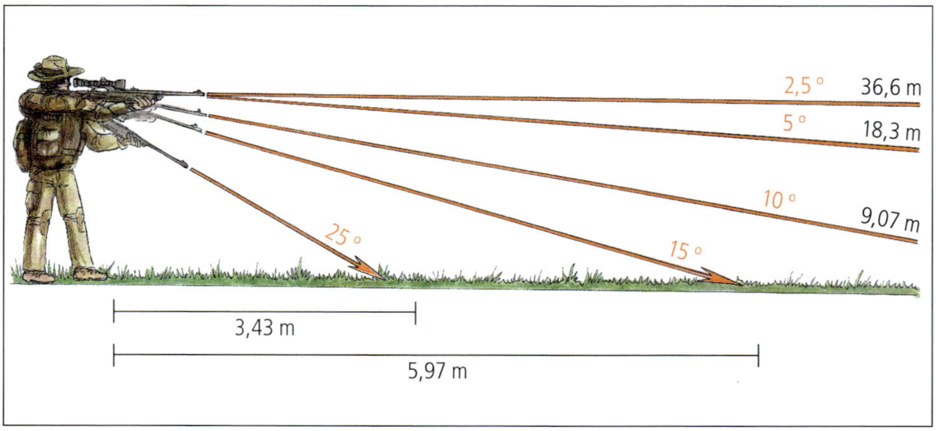

Steht der Schütze in ebenem Gelände auf dem Boden, ist bereits auf zehn Meter Entfernung der Schusswinkel von 10 Grad nicht mehr gegeben.

Das Gelände steigt hinter dem Ziel an, somit ist Kugelfang gegeben.

Regel vom Boden und selten vom selben Standort aus erfolgt, ist der Schütze besonders gefordert. Häufig dürfen Schüsse nicht abgegeben werden, weil der Schusswinkel zu flach und dadurch der Kugelfang nicht gegeben ist. Immer wieder werden Vorfälle und Unfälle von der DEVA untersucht, bei denen abgeprallte Geschosse ursächlich waren. Meist war ein ungeeigneter Geschossfang oder ein nicht ausreichender Schusswinkel Grund für das Ereignis. Nicht verwunderlich ist deshalb auch die Tatsache, dass es meist bei Ernte- oder Drückjagden zu Unfällen kommt. Da die Studie der DEVA aus dem Jahr 2009 auch immer wieder vor Gericht herangezogen wird, kann der erforderliche Schusswinkel von mindestens zehn Grad schon beinahe als Gesetz angesehen werden. Denn immer wieder kommt es zum Versagen der Zuverlässigkeit und damit zum Jagdscheinentzug, wenn sich herausstellt, dass der Schütze die zehn Grad Schusswinkel nicht beachtet und unterschritten hat.

Diese Herausforderung muss sich der Pirschjäger immer wieder bewusst machen. Die Schussabgabe muss im Vorfeld deshalb wohlüberlegt sein. Der sichere Kugelfang ist daher eines der wichtigsten Kriterien, wenn er die Planung seiner Pirschstrecke vornimmt. Reichlich Anblick ohne ausreichenden Kugelfang kann erfüllend sein, jedoch sollte eine aktive Pirschjagd, alleine schon wegen der stets stattfinden Wildbeunruhigung, Jagderfolg zum Ziel haben. Daher sind Pirschstrecken zu favorisieren, bei denen durch Geländeformation ein sicherer Kugelfang regelmäßig gegeben ist. Dies ist durch

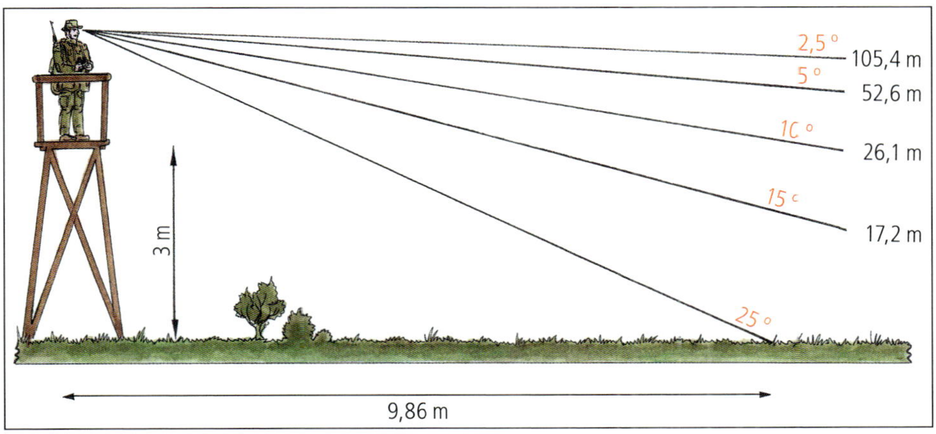

Je höher die Position des Schützen, desto weiter kann er unter Einhaltung des Schusswinkels von zehn Grad schießen.

das Ausnutzen von Geländewellen möglich, indem sich der Schütze einen höheren Standplatz verschafft, oder das Gelände hinter dem Wild ansteigt und dort das Projektil vom Boden sicher aufgefangen wird.
Bereits ein um drei Meter erhöhter Standort hat zur Folge, dass die Schussdistanz bei gleichem Schusswinkel verdreifacht werden kann. Als Hilfsmittel zur Überprüfung des Schusswinkels können Laserentfernungsmesser verwendet werden. Diese haben in aller Regel auch eine Winkelanzeige integriert. Wobei diese nur die Abweichung zur horizontalen Ebene anzeigen. Die Geländeneigung muss der Schütze in aller Regel selbst vornehmen.

Zur Berechnung von Winkeln und Strecken können die Winkelfunktionen genutzt werden – in diesem Fall die Tangensfunktion. Da wir die zehn Grad als kritische Grenze des Schusswinkels nun kennen, kann man sich sehr leicht eine Faustzahl merken. Der Tangens von zehn Grad ist 0,176. Wenn nun die Schussdistanz mit dieser Zahl multipliziert wird, ergibt sich die Höhe, die bei der Schussabgabe erreicht sein sollte, um den sicheren Schusswinkel zu erreichen. Die errechnete Zahl ist natürlich nur ein grober Anhaltspunkt, denn wenn das Gelände im Zielbereich ansteigt oder abfällt, verändert sich der Auftreffwinkel des Projektils ebenfalls. Der Jäger muss bei der Beurteilung des Kugelfangs dies ebenfalls berücksichtigen.
Als Faustzahl in ebenem Gelände kann 1/5 der Schussdistanz als erforderliche Höhe des Schützen angenommen werden. Beispiel: 100 Meter × 0,176 ergibt als Höhe rund 18 Meter.

— Verzichten Sie auf Schüsse, wenn der Kugelfang unsicher ist oder der Schusswinkel zu flach erscheint.
— Nutzen Sie Geländeerhöhungen oder ansteigendes Gelände hinter dem Ziel als sicheren Kugelfang.
— Verwenden Sie Laser-Entfernungsmesser mit Winkelanzeige zur Kontrolle. Beurteilen Sie zusätzlich die Geländeneigung hinter dem Wild.
— Berücksichtigen Sie unbedingt: Forstwege sind kein Kugelfang!
— Beachten Sie die DEVA-Empfehlung (10 °) – Missachtung kann rechtliche Folgen haben!

HÄUFIG UNTERSCHÄTZT: DIE ENTFERNUNG

Bei der Pirschjagd erfolgt die Schussabgabe oft von wechselnden Standpunkten aus. Das verlangt vom Schützen nicht nur, dass er auf eine freie Geschossflugbahn und einen sicheren Kugelfang achtet, sondern auch, dass er die Entfernung richtig einschätzt. Zwar müssen auch bei anderen Jagdarten Entfernungen geschätzt werden, allerdings können die Schussdistanzen beim Ansitz oder einer Drückjagd zu Beginn der Jagd in Ruhe gemessen bzw. eingeschätzt werden werden. Über die Jahre hinweg weiß man in der Regel auch, wie groß die jeweilige Entfernung zu relevanten Schussbereichen auf verschiedenen Ansitzmöglichkeiten ist. In meinen Revieren werden Entfernungen zu markanten Punkten im Gelände mit dem LEM

Mit einem handlichen Entfernungsmesser lässt sich die Distanz zum Wild zuverlässig ermitteln.

Werden Distanzen zu markanten Punkten im Hochsitz notiert, stehen diese Informationen auch nicht ortskundigen Jägern immer zur Verfügung.

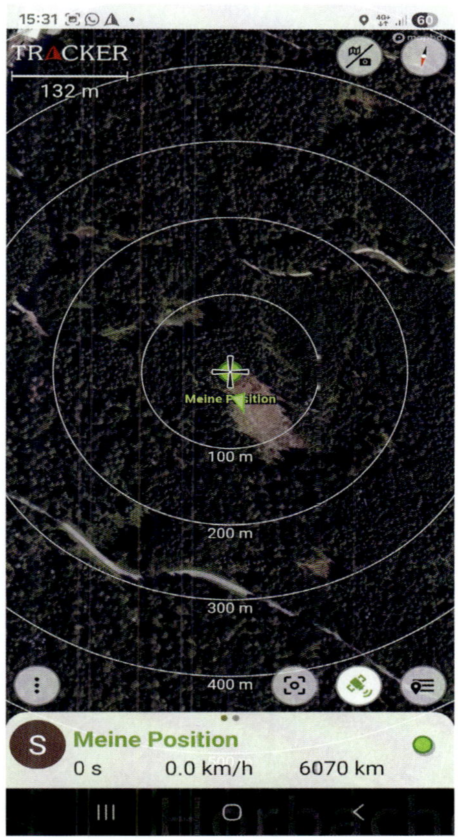

Verschiedene Apps bieten mittlerweile Möglichkeiten, um Entfernungen über Luftbilder und Karten abzulesen.

(Laser-Entfernungsmesser) gemessen und das Ergebnis im Hochsitz mit einem wasserfesten Filzstift angeschrieben. So verfügt auch ein Jäger, der zum ersten Mal auf diesem Hochsitz sitzt und keinen LEM mitführt, über verlässliche Anhaltspunkte zur Entfernungsabschätzung.

Bei der Pirschjagd hat der Pirschjäger solche Hilfestellungen nicht – er muss Entfernungen von wechselnden Standorten aus einschätzen oder besser noch messen. Das Schätzen von Entfernungen kann geübt werden. Allerdings ist je nach Gelände, Vegetation und Lichtsituation eine Schätzung häufig fehlerbehaftet. Die Messung ist da natürlich deutlich exakter. Aber auch hierzu ist ein freies Vordergelände notwendig, da der Laserstrahl auch von einem Blatt oder Grashalm reflektiert werden kann und somit ein falsches, weil zu kurzes, Messergebnis angezeigt wird. Die Entfernung ist für die Schussabgabe ein sehr wichtiger Faktor, weil die Treffpunktlage im Verhältnis zum Haltepunkt je nach Entfernung variiert. Genau auf diese Thematik wird im Kapitel Ballistik genauer eingegangen.

APPS ALS HILFE

Neben dem Schätzen oder der Messung mit einem Laser-Entfernungsmesser stehen heute noch weitere Hilfsmittel zur Verfügung, um Distanzen zu ermitteln. Zahlreiche

ÜBEN: ENTFERNUNGEN SCHÄTZEN

Das richtige Einschätzen von Distanzen ist eine Fertigkeit, die kontinuierlich trainiert werden kann – und sollte. Jede Ansitzjagd oder jeder Reviergang bietet dafür gute Gelegenheiten. Ich selbst führe stets einen Entfernungsmesser mit. Auf dem Ansitz wähle ich mir zunächst einen markanten Geländepunkt, schätze die Entfernung zu diesem und überprüfe anschließend meine Schätzung mit dem LEM. Auch bei Reviergängen lässt sich dieses Training hervorragend durchführen. Vorteil dabei: Man prägt sich nicht nur die Entfernungen im eigenen Revier ein, sondern übt das Schätzen zugleich in ganz unterschiedlichen Situationen – etwa bei wechselnder Vegetation, unterschiedlichem Licht oder variierender Geländestruktur. So entsteht mit der Zeit ein verlässliches Gefühl für Distanzen, das in der jagdlichen Praxis von unschätzbarem Wert ist.

- Laser-Entfernungsmesser immer mitführen, um Distanzen sicher zu ermitteln.
- Auf „freie Sicht" des Laserstrahls achten.
- Entfernungsschätzen trainieren.
- Apps bieten eine weitere Lösung, um Entfernungen zu ermitteln.
- Die Entfernung ist für Treff- bzw. Haltepunkt ein wesentlicher Faktor.

Selbst kurz vor dem Schuss kann mit dem Entfernungsmesser nochmals die Distanz zum Wild ermittelt werden.

Jagd-, Outdoor- oder Karten-Apps ermöglichen es, Entfernungen direkt in der Kartenansicht zu ermitteln. Zwar sind diese Werte in der Regel nicht ganz so präzise wie die Messung mit einem optischen Gerät, doch für die jagdliche Praxis reicht die Methodik in der Regel aus.
Dank hochauflösender Luftbilder lassen sich Geländemarken inzwischen sehr gut identifizieren. In Kombination mit der Standortanzeige des Smartphones kann der Jäger so Entfernungen zu markanten Punkten bestimmen und hat damit ein praktikables Hilfsmittel, um Distanzen bei der Pirsch zu ermitteln.

EINFLUSS AUF WILD

Jegliche menschliche Aktivität in der freien Natur und damit im Lebensraum von Wildtieren hat einen Einfluss auf das Verhalten der Tiere. Dazu gibt es etliche wissenschaftliche Untersuchungen. Je eher die Wildtiere die jagende Absicht der Menschen erkennen können, umso eher reagieren sie mit Ausweichen oder gar Flucht. Das kann man sehr gut beim tagaktiven Gamswild beobachten. Während Wanderer nur beobachtet werden, ergreifen dieselben Tiere die Flucht, sobald sie erkennen, dass sich Jäger nähern. Diesem Einfluss sollte sich vor allem der pirschende Waidmann stets bewusst sein. Bei einer Studie wurde festgestellt, dass die stärkste

Jede jagdliche Aktivität hat einen Einfluss auf das Verhalten der Wildtiere.

Beunruhigung für das Rotwild im Untersuchungsgebiet der lautlose Pilzsucher darstellt. Während Waldarbeiter oder auch Wanderer nur geringfügig störten und die Tiere nur den Menschen auswichen, erfolgte bei den Pilzsuchern stets eine Flucht über große Distanz in einen anderen Einstand. Genau wie der pilzsuchende Mensch erscheint der pirschende Jäger dem Wild meist lautlos und plötzlich. Sein Einfluss ist somit vergleichbar mit dem von lautlosen Pilzsuchern. Dementsprechend ist der Einfluss der Pirschjagd auf das Raum-/Zeitverhalten des Wildes enorm, wenn nicht bewusst und störungsarm vorgegangen wird. Im Gegensatz zur Ansitzjagd ist die Pirsch eine Jagdform, die durch Bewegung und aktives Suchen geprägt ist. Folglich sind die Auswirkungen auf das Schalenwild vielschichtig. Alle aber führen dazu, dass die Bejagung des Wildes schwieriger wird.

Veränderung der Raumnutzung

— Vermeidung stark frequentierter Gebiete: Schalenwild meidet nach Pirschjagden vermehrt die Gebiete, in denen die Störung stattgefunden hat.

— Verlagerung in Rückzugsräume: Das Wild zieht sich in dichter bewachsene oder unzugänglichere Bereiche zurück.

— Verkleinerung des Aktionsraumes: Besonders bei wiederholten Pirschgängen wird der Aktionsraum des Wildes kleiner, da es sich nur noch in vermeintlich sicheren Bereichen aufhält.

Veränderung des Aktivitätszeitraums

— Zunahme der Dämmerungs- und Nachtaktivität: Wild verlegt seine Aktivitätsphasen in die Nacht, um dem Mensch auszuweichen.

— Verkürzung der Tagaktivität: Die Zeitspanne, in der Wildtiere tagsüber aktiv sind, wird reduziert. Sie werden heimlicher und sind seltener sichtbar.

Erhöhung des Stresslevels

— Wiederholte Störungen durch Pirschgänge erhöhen das Stresslevel bei Wildtieren.

— Dies kann langfristige Auswirkungen auf die Gesundheit, das Verhalten und die Reproduktionsrate der Tiere haben.

Sozialverhalten

— Auflösen von Gruppenstrukturen: Bei Arten wie Schwarz- oder Damwild kann es durch wiederholte Störungen zu einer Auflösung von Rotten bzw. Rudeln kommen.

— Verändertes Verhalten innerhalb der Gruppe: Die Tiere reagieren nervöser, flüchten schneller und zeigen weniger ruhiges Äsungsverhalten.

Langfristige Verhaltensanpassungen

— Wildtiere lernen aus wiederholter Beunruhigung: Sie erkennen bestimmte Reize, beispielsweise menschlichen Geruch, leises Knacken im Wald, Sichtung von Bewegungen, früher als Gefahr.

— Es kann zu einer generellen Zunahme von Fluchtdistanzen kommen – das Wild wird vorsichtiger.

Die Pirschjagd hat einen deutlichen Einfluss auf das Raum-Zeit-Verhalten von Schalenwild. Insbesondere durch die bewegte Form der Jagd wird das Wild stärker gestört als etwa bei einer punktuellen Ansitzjagd. Die Folge ist eine Verlagerung der Aktivität in Raum und Zeit sowie eine Zunahme von Stress- und Fluchtverhalten. Viele Studien haben stets vergleichbare Ergebnisse gezeigt: Die Distanz zwischen Störungsquelle und Wildtieren hat einen signifikanten Einfluss auf die Fluchtreaktion des Wildes. Störung am Tag auf Wegen wird am besten toleriert. Dies ist für Wildtiere berechenbar, da sie auf einer fest begrenzten Fläche wiederkehrend stattfindet. Eindeutig die stärkste Störung resultiert aus Menschen, die abseits von Wegen im Gelände unterwegs sind.

Um die beschriebenen negativen Auswirkungen der menschlichen Jagdaktivität, vor allem der Pirschjagd, möglichst gering

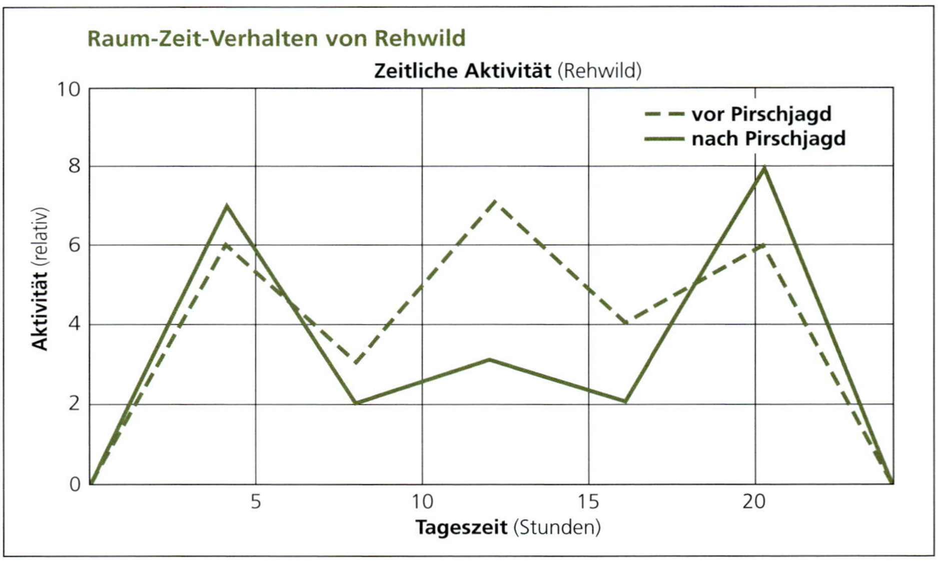

Fand im Revier Pirschjagd am Tag statt, verringert sich die Aktivität des Wildes zu dieser Zeit in der Zukunft.

zu halten, sollten folgende Punkte berücksichtigt werden. Nur so kann in einem Revier die Pirschjagd auch nachhaltig und effektiv ausgeübt werden.

Tageseinstände meiden

Bereiche, von denen bekannt ist, dass diese vom Wild auch als Tageseinstand genutzt werden, sollten nicht durchpirscht werden. Führt die gewählte Pirschroute durch solche Bereiche, sollte sich der Jäger wie ein normaler Spaziergänger bewegen. Somit wird er weniger als Gefahr vom Wild interpretiert.

Möglichst auf Hauptstrukturlinien

Für die Pirschrouten werden im Idealfall vorhandene Forstwege, Rückegassen und Wanderwege gewählt. Diese Infrastrukturlinien sind dem Wild bekannt und die menschliche Aktivität wird dort vom Wild als normale Störung, aber nicht als Gefahr betrachtet.

Nicht bei wechselndem oder stark böigem Wind

Sind die Windverhältnisse nicht klar oder wechselt die Windrichtung permanent, sollte der Pirschjäger nicht losziehen. Ebenso verhält es sich bei extrem starkem Wind. In beiden Fällen wird die Wittrung des Menschen weit und großflächig im Gelände verteilt und das Wild ist dadurch vorgewarnt und entsprechend vorsichtig. Als Folge ist die Jagd bei solchen Windverhältnissen wenig erfolgversprechend. Ein alter Leitspruch hat immer noch Gültigkeit: „Wenn der Wind jagt, bleibt der Jäger zu Hause".

Hohe Aktivitätsphasen nutzen

Zeiten, in denen Wildtiere hohe Aktivitätsphasen haben, sollten für die Jagd genutzt werden. In diesen Zeiten besteht für den Jäger eine hohe Chance, auf Wild zu treffen. Durch die Aktivität des Jägers in Intervallen, übrigens bei der Ansitzjagd sehr zu empfehlen, wird kein permanenter Druck auf die Wildtierpopulation ausgeübt und die Gefahr einer Verhaltensanpassung, wie oben beschrieben, wird reduziert.

Phasen mit wenig Aktivität meiden

Umgekehrt sollte in Zeiträumen mit bekanntermaßen wenig Wildaktivität, beispielsweise in der Feistzeit oder bei Hitze-

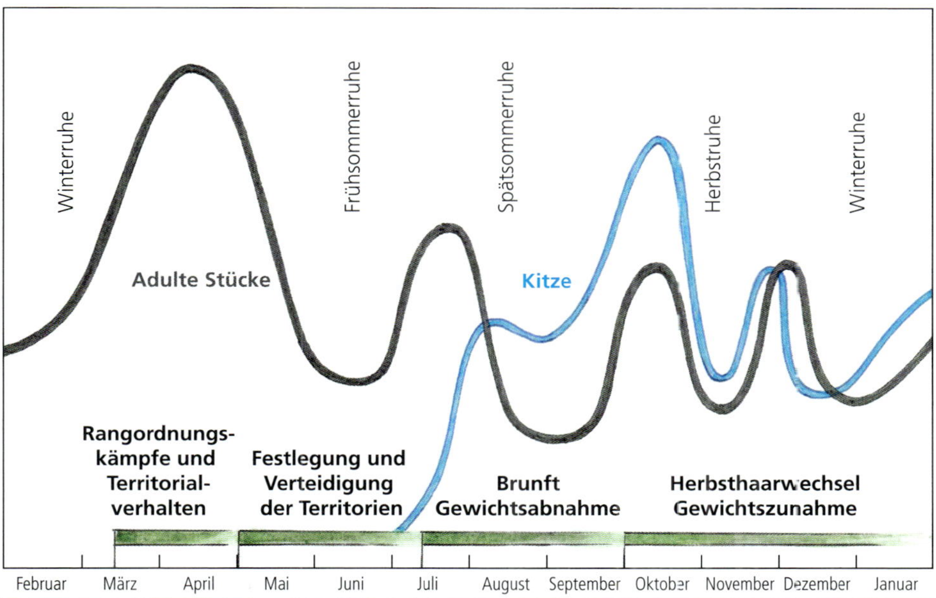

Lebensrythmus des Rehwilds (nach Ellenberg 1975)

Wenn möglich, sollten in diesem Fall sowohl das Kitz als auch die Ricke erlegt werden. So hinterlässt der Jäger keine Zeugen des Abschusses.

perioden, die Jagd ruhen. In diesen Abschnitten im Jagdjahr ist es sinnvoller, Revierarbeiten zu erledigen oder andere Aktivitäten auszuüben.

Nicht nah ans Wild

Da die Fluchtreaktion des Wildes unmittelbar mit der Entfernung zur Störungsquelle zusammenhängt, sollte sich der Jäger nicht zu nah ans Wild heranbegeben. Aus diesem Grund ist bei der Pirschjagd nicht das Ziel, möglichst nah an das Wild heranzukommen, sondern auf Schussdistanz. Der Jäger sollte seine Annäherung dann stoppen, sobald er sich in der Lage fühlt, einen sicheren Schuss abzugeben. Diese Entfernung ist für jeden Schützen individuell, aber durch Training deutlich steigerbar. Während bei der Ansitzjagd die durchschnittliche Schussdistanz im Bereich zwischen 60 und 70 Meter liegt, sollte sie bei der Pirschjagd, um die Störung zu minimieren, eher bei 150 Meter liegen. Somit wird der Schuss vom Wild, welches nicht beschossen wurde, nicht unmittelbar mit dem Menschen in Verbindung gebracht und dadurch der Mensch nicht sofort als Gefahr eingeordnet.

Keine Zeugen

Wird bei der Jagd, nicht nur bei der Pirsch, ein Stück Wild erlegt, sollten dies die nicht beschossenen Stücke idealerweise nicht registrieren. Ansonsten werden die Umstände

---

- Vermeiden Sie das Pirschen durch Tageseinstände von Wild.
- Nutzen Sie nach Möglichkeit vorhandene Wege als Pirschroute.
- Pirschen Sie nicht bei unberechenbarem Wind.
- Nutzen Sie Phasen mit hoher Aktivität des Wildes.
- Meiden Sie Phasen mit reduzierter Wildaktivität.
- Nähern Sie sich dem Wild nicht näher als notwendig.
- Versuchen Sie keine Zeugen zu hinterlassen.

---

und alle weiteren Einflussfaktoren, wie beispielsweise menschlicher Geruch, von den überlebenden Wildtieren unmittelbar mit dem Ereignis der Jagd in Verbindung gebracht. Um die Bejagung dadurch nicht zu erschweren, ist es daher sinnvoll, keine Zeugen zu hinterlassen. Demnach werden idealerweise einzeln ziehende Tiere bejagt, eine Überriegelung abgewartet oder Kleinverbände (Geis mit Kitz oder Alttier, Schmaltier, Kalb) komplett erlegt. Sollte dies nicht möglich sein, vor allem in Situationen mit begrenztem Schussfeld, ist es oft sinnvoller, gar nicht zu schießen. Andernfalls würden, wie Studien gezeigt haben, die überlebenden Muttertiere die Flächen für sehr lange Zeit meiden.

PIRSCHEN IM TEAM

Grundsätzlich ist die Pirschjagd eine klassische Form der Einzeljagd. Jede zusätzliche Person führt zwangsläufig zu mehr Bewegung, Geräuschen und menschlichem Geruch – Faktoren, die das Risiko erhöhen, vom Wild frühzeitig wahrgenommen zu werden. Je größer die Pirsch-Gruppe, desto schwieriger wird es, sich lautlos und unauffällig dem Wild anzunähern.
Dennoch kann es gute Gründe geben, die Pirsch nicht allein, sondern im Duett oder in einer kleinen Gruppe durchzuführen – vorausgesetzt, Gelände, Wetter und jagdliche Rahmenbedingungen sprechen dafür. Das gemeinsame Pirschen verlangt jedoch ein hohes Maß an Abstimmung und Disziplin. Klare Rollenverteilung, leise Kommunikation und eine möglichst enge Koordination der Bewegungen sind entscheidend, um das Risiko der Wildbeunruhigung gering zu halten. Aber – und genau darin liegt der besondere Reiz der gemeinsamen Pirsch – es sind vor allem die gemeinsamen Erlebnisse, die besonders eindrucksvoll sind und lange in Erinnerung bleiben.

In vielen Situationen ist die Begleitung nicht nur hilfreich, sondern mitunter sogar unerlässlich. Ein klassisches Beispiel ist die Begleitung eines unerfahrenen Jägers durch einen erfahrenen Routinier. Ob beim Ansitz oder bei der Pirsch, der erfahrene Jagdführer vermittelt Sicherheit, unterstützt beim Ansprechen des Wildes und nimmt dem Unerfahre-

Das gemeinsame Pirschen sorgt für gemeinsame Erlebenisse.

nen einen Großteil des Drucks. Dieser kann sich dadurch voll auf eine saubere Schussabgabe konzentrieren und sammelt wertvolle Erfahrungen unter realen Jagdbedingungen.

SICHERHEITSFAKTOR

Vor allem im Gebirge ist die Pirschjagd im Team von Vorteil. Schon das Bergen erlegten Wildes gestaltet sich für Solojäger häufig schwierig. Noch wichtiger sind jedoch die sicherheitsrelevanten Aspekte. In steilem und gefährlichem Gelände ist es ratsam, eine Begleitperson dabeizuhaben, um sich gegenseitig zu sichern. Kommt es zu einem Unfall, kann die zweite Person Hilfe holen und den Rettungskräften den Weg weisen. Eine weitere wichtige Rolle kann die Begleitung als „Spotter" übernehmen. Während der Schütze beim Blick durch das Zielfernrohr das Wild im Fokus behält und nach dem Schuss häufig nicht mehr den Überblick behält, kann die zweite Person mit Fernglas, Wärmebildgerät oder Spektiv das Geschehen weiter beobachten. Dies erleichtert die Suche nach dem erlegten Stück oder bringt wichtige Erkenntnisse, falls eine Nachsuche erforderlich ist. Hier gilt das Motto: Vier Augen sehen mehr als zwei.

PIRSCHEN MIT HUND

Pirschen mit Hund ist spannend, weil es Chancen und Risiken zugleich bietet. Grundsätzlich ist die Pirschjagd auf Wild auch mit Hund möglich, erfordert jedoch

Hat der Jagdhund die nötige Ruhe, kann er auf der Pirsch mitgeführt werden.

besondere Überlegung und ein hohes Maß an Disziplin des Hundes. Für viele jagdliche Situationen sind Hunde unverzichtbar – bei der Nachsuche, beim Stöbern oder bei der Wasserarbeit. Bei der Pirsch hingegen ist die Rolle des Hundes differenzierter zu betrachten. Der Jagdhund wird vor allem aus zwei Gründen bei der Pirschjagd mitgeführt:

Wild früher anzeigen

Durch das gute Riechvermögen von Hunden kann der Vierbeiner als Frühwarnsystem genutzt werden. Mit seiner feinen Nase nimmt er Wild häufig früher wahr, als der Jäger mit seinen Augen. Durch Verhalten und Körpersprache zeigen Jagdhunde ihrem Führer an, dass sie Wild wittern. Somit kann der Hund zum entscheidenden Faktor für eine erfolgreiche Pirsch werden, weil er dem Jäger das Wild frühzeitig anzeigt

Nach dem Schuss

Hat der Pirschjäger geschossen und das beschossene Stück Wild verschwindet in der Vegetation, kann der Hund unmittelbar eingesetzt werden. Nach einer notwendigen Wartezeit von mindestens 15 Minuten kann der Hund dem Jäger den Anschuss zeigen und ihn zum erlegten Stück führen. Da der Hund beim Jäger dabei ist, kann oft noch am selben Tag das Wildbret geborgen und versorgt werden. Müsste der Jäger erst noch den Hund zu Hause holen, würde häufig das Tageslicht für eine fachgerechte Suche nicht mehr ausreichen und das Stück könnte erst am nächsten Tag, in der Regel unverwertbar, gefunden werden. Vor allem im Gebirge ist es daher üblich, dass der Hund den Pirschjäger begleitet, da der Zuweg oft bereits einige Stunden in Anspruch nimmt.

HERAUSFORDERUNG: HUND

Doch neben den beschriebenen Vorteilen, einen Hund bei der Pirsch mitzuführen, sorgt die Begleitung des Vierbeiners auch für Herausforderungen. Werden diese vom Hundeführer nicht erkannt und bewältigt, ist die Pirsch mit dem Hund in der Regel erfolglos. Denn wie ein zusätzlicher Mensch, verursachen auch Hunde weitere, zusätzliche Impulse, die das Wild warnen können. Der Vierbeiner sorgt durch seine Bewegungen oder gelegentliches Schütteln für Geräusche und hat wie der Jäger selbst auch eine eigene Wittrung.

Viel gravierender kann es jedoch sein, wenn der Hund nicht über die notwendige Ruhe verfügt. Diese resultiert in der Regel zu einem Großteil aus einem ausgiebigen Training. Einen kleinen Einfluss hat jedoch auch der Charakter des Hundes. So gibt es Vierbeiner, die vom Wesen her deutlich ruhiger sind als andere. Der Vierbeiner sollte verlässlich ruhig frei bei Fuß gehen, sich ablegen lassen und die erforderliche Stand- und Schussruhe besitzen. Sind diese Eigenschaften nicht gefestigt, ist eine erfolgreiche Pirschjagd nicht möglich.

PIRSCHEN MIT HUND

- Gehorsam, Leinenführigkeit, Stand- und Schussruhe sind zwingend erforderlich, damit der Hund bei der Pirsch mitgeführt werden kann.
- Vor der echten Pirschjagd ist es sinnvoll, das korrekte Verhalten des Vierbeiners – gehen, stehen, stoppen, lautloses Verhalten – zu trainieren.
- Der Einsatz des Hundes sollte wohlüberlegt sein. Nicht jede Pirsch ist sinnvoll mit Hund.

Pirschen mit Hund ist eine hohe Kunst, erfahrene Führer mit sehr gut ausgebildeten Hunden können dies erfolgreich praktizieren. Richtig eingesetzt, ist der Hund ein wertvoller Helfer, undiszipliniert und nachlässig geführt, sorgt der mitgeführte Vierbeiner jedoch für beutelose Pirschgänge.

STRATEGIE UND TECHNIK

JAGDKONZEPT UND -PHILOSOPHIE

Bei der Jagd ist es stets sinnvoll, wenn nach einem Plan und einer Strategie vorgegangen wird. Dies gilt vor allem für die Pirschjagd.

Jagderfolg bei der Pirsch ist ganz selten ein Zufallsprodukt, sondern vielmehr das Ergebnis der richtigen Strategie und Technik. Wenn im Folgenden beschrieben wird, wie und wo Wild mit hoher Wahrscheinlichkeit entdeckt und beobachtet werden kann, bedeutet dies nicht automatisch, dass es da auch immer beschossen werden soll. Es ist zwar dann potenziell möglich, jedoch ist das Jagdkonzept im jeweiligen Revier oder der Region ausschlaggebend. Beispielsweise kann die Vorgabe sein, dass Wild auf bestimmten Flächen nicht beschossen wird, obwohl, oder vor allem deshalb, weil es dort regelmäßig zum Äsen austritt.

HOTSPOTS IM REVIER

Welche Philosophie bei der Jagd jeweils verfolgt wird, soll hier auch nicht weiter bewertet werden. Bei den untenstehenden Ausführungen beschreibe ich vielmehr die Orte, an denen der Jäger mit hoher Wahrscheinlichkeit Wild auffinden kann. Die vier Hauptbereiche, an denen sich Wild aufhält, sind:

Ruhe- und Deckungsbereiche

Hierbei handelt es sich um Bereiche, in denen Wild schläft und sich während des Wiederkäuens aufhält. Dies sind vor allem Orte, an denen das Wild Schutz vor Witterung hat und sich versteckt aufhalten kann. Wild sucht hierzu Bereiche auf, in denen nur wenige Störungen stattfinden und zudem ein guter Überblick im Gelände gegeben ist. Typische Plätze sind: dichter Unterwuchs, Waldränder mit Ausblick, Hangkanten mit Sichtschutz.

Äsungsflächen

Orte, an denen Wild bevorzugt Nahrung aufnimmt. Dies sind Flächen, abhängig von Wildart und Jahreszeit, auf denen ein gutes Nahrungsangebot vorhanden ist und das Wild so seinen Nahrungsbedarf mit wenig Aufwand decken kann. Um diese Flächen sicher zu identifizieren, sind wildbiologisches Wissen und Revierkenntnis erforderlich.

Wechsel – Verbindung von Deckung zu Äsung

Die beiden vorgenannten Bereiche werden über Wechsel miteinander verbunden. Der Verlauf dieser Infrastrukturlinien des Wildes ist abhängig von der jeweiligen Wildart. Teilweise werden Wechsel gemeinsam genutzt. In anderen Fällen unterscheiden sich die Wechsel der verschiedenen Wildarten voneinander. Sehr häufig verlaufen Wechsel parallel zu Höhenlinien oder schneiden diese in spitzem Winkel. Geländekanten und Deckungsbereiche werden vom Wild gern genutzt, um „hinter der Gardine" vor Sicht geschützt zu sein, aber trotzdem möglichst viel Überblick zu behalten.

Auf Äsungsflächen ist Wild regelmäßig anzutreffen.

Territoriumsgrenzen

Vorrangig männliche Tiere stecken regelmäßig mittels Duftmarken ihr Revier ab. Diese Reviergrenzen sind daher auch ein Bereich, an denen das Wild häufiger anzutreffen ist. Je nach Wildart sind in der Paarungszeit auch Brunftplätze Orte im Revier, an denen Wild besonders häufig anzutreffen ist.

Will man nun als Jäger besonders effektiv agieren, sollten insbesondere die zuvor genannten Orte aufgesucht werden. Besteht jedoch in einem Revier die Vorgabe, dass in Einstands- und Äsungsbereichen kein Wild erlegt werden soll, wird die Sache mit dem Abschuss mit zeitlich überschaubarem Aufwand durchaus kompliziert.

Jede menschliche Aktivität in freier Natur bedeutet für Wildtiere eine Störung. Wir Jäger sind da genauso ein Stressfaktor wie der Pilzsucher, der leise durch die Einstände läuft. Tätigen wir zusätzlich auch noch einen Abschuss, stehen wir an der Spitze der „Unruhestifter" – dessen müssen wir uns stets bewusst sein. Aus diesem Grund sollte bei der Jagd versucht werden, so zu agieren, dass möglichst wenige Tiere den Abschuss unmittelbar registrieren.

Mit dem richtigen Verhalten kann die durch die Jagd entstehende Störung minimiert werden.

Das ist selbstverständlich nie ganz auszuschließen, allerdings können wir mit ein paar Regeln die Störungswelle, die durch einen Abschuss aufschwappt, klein halten. Im Gegensatz dazu gibt es auch Orte, an denen wir ganz bewusst mit dem Werkzeug „Störung“ arbeiten, um beispielswiese die Attraktivität von bestimmten Flächen für das Wild zu reduzieren.

JAGDLICHES KONZEPT

Es ist folgerichtig, dass Bejagungsschwerpunkte sowie Ruhezonen für das Wild in jedem Revier – oder sogar revierübergreifend – definiert werden. Dabei werden Wildarten in der Regel differenziert betrachtet, denn ihr Raumverhalten und ihre Habitatansprüche unterscheiden sich teils deutlich. So umfasst beispielsweise das Streifgebiet eines Rehs meist nur 20 bis 40 Hektar, während Rotwild Flächen von weit über 300 Hektar nutzt. Ein tragfähiges Jagdkonzept sollte, unter Beachtung der jagdgesetzlichen Rahmenbedingungen, Folgendes leisten:

- Die wildbiologischen Bedürfnisse der jeweiligen Art berücksichtigen.
- Die Belange der Land- und Forstwirtschaft einbinden.
- Die jagdliche Nutzung eines Reviers nicht unnötig einschränken.

Auf den ersten Blick erscheint dies wie eine unlösbare Aufgabe. Doch mit ein wenig Geschick kann dieser Spagat tatsächlich gelingen.

RUHEZONEN

Ruhezonen sind Bereiche, in denen Wild nicht bejagt werden soll, um Störungen zu reduzieren. Diese Flächen werden vom Wild bevorzugt genutzt – mit folgenden Konsequenzen:

- Verbesserte Wildruhe, was aus Sicht des Tierwohls und der Beobachtbarkeit positiv ist.
- Deutlich erhöhte Verbissbelastung, da die Wilddichte in den Ruhezonen steigt.

Da sich durch Ruhezonen die effektive Jagdfläche verkleinert, steigt der Jagddruck in anderen Bereichen – was die Bejagung dort wiederum erschweren kann. Um die jagdliche Effektivität nicht zu verlieren, sollten sinnvolle Ausnahmen in Ruhezonen nicht tabu sein. Dabei kann es sich beispielsweise um Folgendes handeln:

- Brunftjagd auf einzelne Hirsche: Die Störung des Kahlwildes bleibt gering, unnötiger Jagddruck auf anderen Flächen entfällt.
- Entnahme kranker Stücke: Hierbei handelt es sich um ein Gebot des Tierschutzes.
- Entnahme einzeln ziehender Jungtiere, wenn kein weiteres Wild dadurch beunruhigt wird.

Auch reine Beobachtungsansitze sollten in Ruhezonen auf ein Minimum beschränkt werden, denn jede menschliche Präsenz stellt eine potenzielle Störung dar und führt auf Dauer zu Meideverhalten des Wildes.

SCHWERPUNKTBEREICHE

In sogenannten Schwerpunktbejagungsflächen wird ein Großteil des notwendigen Abschusses vorgenommen. Auf diesen Flächen herrscht demzufolge erhöhter Jagddruck, der vom Wild über kurz oder lang wahrgenommen wird. Dies kann – bewusst eingesetzt – ein wertvolles Steuerungsinstrument sein, um etwa entlang stark befahrener Straßen oder in besonders schadensträchtigen Kulturen die Wildpräsenz zu reduzieren und dadurch Wildunfälle oder Wildschaden zu minimieren. Dabei unterscheiden wir zwei Zielrichtungen:

Vergrämende Schwerpunktbejagung: Wild soll die betroffenen Flächen bewusst meiden. Der Abschuss erfolgt so, dass möglichst viele „Zeugen“ den Abschuss wahrnehmen.

Nachhaltige Schwerpunktbejagung:
Ziel ist ein effizienter, dauerhaft hoher Abschuss bei weiterhin großer Wildakzeptanz der Fläche. Der Schuss sollte so erfolgen, dass möglichst wenig Beunruhigung entsteht.
Damit diese Flächen langfristig für das Wild attraktiv bleiben, sollten nachfolgende Grundsätze beachtet werden.

Regeln für „wildschonende" Schwerpunktbejagung

- Keine Abschüsse an Fütterungen, sonst droht negative Verknüpfung.
- Wechsel beachten: Bejagung auf dem Rückwechsel, nicht auf dem Hinwechsel zur Äsungsfläche bzw. Kirrung, um deren Attraktivität zu erhalten.
- Reviereinrichtungen nicht „vergiften": Es sollte versucht werden, dass Wild einen Abschuss nicht mit beispielsweise Ansitzeinrichtungen, Salzlecken, Kirrungen oder Mahlbäumen verknüpft.
- Familienverbände beachten: Sofern möglich, sollten Familienverbände vollständig entnommen werden, um Stress und Lerneffekt zu vermeiden.
- Schalldämpfer nutzen: Akustische Störung im Umfeld minimieren.
- Treffpunkt- und Geschosswahl: Stücke sollten möglichst im Feuer liegen, um Flucht und damit Beunruhigung zu verhindern.
- Schussdistanz sinnvoll wählen: Größere Entfernung kann helfen, verbliebene Stücke nicht zu beunruhigen.
- Aktivitätsschwerpunkte nutzen: Jagd zu Zeiten, in denen Wild besonders aktiv ist, verringert den gesamten Jagddruck, da weniger häufig gejagt werden muss.
- Intervalljagd: Jagddruck gezielt dosieren, anstatt permanent stören.

Auch bei bester Planung wird nicht jede Pirsch mit einer Doublette oder Triplette enden – und manchmal führt eine kurze Todesflucht dazu, dass nur ein Stück erlegt werden kann, weil die anderen Stücke abspringen. Solange aber die Störung nicht zur Regel wird, bleiben Schwerpunktjagdbereiche trotzdem dauerhaft produktiv und werden vom Wild weiterhin gern angenommen.

PIRSCHSTRATEGIE

Bevor der Jäger im Revier lospirscht, sollte das Ziel klar sein. Also gilt es zunächst einmal, neben dem Jagderfolg als Hauptziel jeder jagdlichen Aktivität, die Absicht der Pirsch zu benennen. Da sich hier die Vorgehensweisen tatsächlich deutlich unterscheiden und damit auch die teilweise benötigte Ausrüstung verschieden ist, sind diese Vorüberlegungen notwendig.

STRECKEN-PIRSCH

Diese Form der Pirschjagd findet meist in Waldrevieren statt. Hierbei wird möglichst viel Fläche abgesucht – Bereiche mit Deckung und Wechsel um diese Punkte herum werden besonders in den Fokus genommen. Vor allem bei sehr eintönigen Wäldern mit wenig Unterstand ist diese Vorgehensweise besonders erfolgversprechend. Die weit einsehbaren Bereiche können relativ schnell nach Wild abgesucht werden und entsprechend zügig kann sich der Pirschjäger fortbewegen. In den dichteren Bereichen ist dann deutlich mehr Zeit erforderlich, um gedeckt stehendes Wild nicht zu übersehen. Auch vor und nach solch strukturierten Bereichen lohnt es sich, die Geschwindigkeit zu reduzieren, da sich Wild bevorzugt im Einzugsbereich von Deckungen aufhält. Hier lohnt es sich, auch ein paar Minuten stehen zu bleiben, da die Chancen groß sind, dass sich gedeckt stehendes Wild ein paar Schritte bewegt und dadurch in Anblick kommt. In der Regel wird auf recht kurze Schussdistanzen gejagt. Daher ist ein Fernglas nicht zwangsläufig nötig, weil das Ansprechen gut beim Blick durch das Zielfernrohr möglich ist. Ein rasch zu bedienender Zielstock ist sehr hilfreich, ein Bipod stellt meist nur unnötigen Ballast dar.

FELDPIRSCH

Wie der Name schon sagt, findet diese Pirsch vorrangig im offenen, also landwirtschaftlich geprägten Terrain statt. Durch hohen Feld- und Wiesenanteil geprägte Reviere verlangen eine andere Art der Pirsch. Da häufig große Flächen und Randlinien von bestimmten Punkten aus einsehbar sind, nutzt der Jäger die vorhandenen Strukturen, um gedeckt die Gegend abzusuchen. So kann es sein, dass nach einem Gehölzstreifen eine sehr große Fläche einsehbar ist.

Bei der Streckenpirsch sucht der Jäger im Rahmen des Pirschgangs relativ viel Fläche nach Wild ab.

An solchen Aussichtspunkten sollte sich der Jäger viel Zeit nehmen, um die Umgebung nach Wild abzusuchen. Kommt kein Stück in Anblick, wird auf der geplanten Route weitergegangen. Die Strecken zum nächsten interessanten Punkt im Revier können in aller Regel mit normaler Gehgeschwindigkeit, aber trotzdem immer aufmerksam, bewältigt werden. So können mit relativ geringem Zeitaufwand große Teile des Reviers nach Wild abgesucht werden.
Verhält sich der Jäger bei Routenabschnitten, die ohne Deckung gegangen werden müssen, wie ein ganz normaler Spaziergänger, bleibt das Wild häufig stehen. Es sichert zwar und ist dabei aufmerksam, trotzdem springt es nicht ab. Ist der vermeintliche Spaziergänger wieder aus dem Blickfeld verschwunden, beginnt das Wild häufig wieder mit dem Äsen. Nun kann entschieden werden, ob das Wild gedeckt aus einer anderen Richtung angegangen werden soll. Da aufgrund des offenen Geländes die Schussdistanzen eher größer sind, sollten Entfernungsmesser, vergrößerungsstarke Zieloptik und Bipod vom Pirschjäger mitgeführt werden.

HOTSPOTS ANGEHEN

Eine besonders effektive Pirschmethode ist, gezielt vorhandene Spots anzugehen. Diese Punkte sind entweder natürliche Orte im Revier, die bevorzugt von Wild aufgesucht werden, wie beispielsweise windgeschützte sonnige Bereiche, äsungsreiche Wassergräben, in Mast befindliche Bestände, Suhlen und vieles mehr. Es können jedoch auch gezielt solche Hotspots im Revier angelegt werden. Dies können beispielsweise Salzlecken, Äsungsinseln, Wildäcker, Mahlbäume oder Wühlstreifen sein. Werden die Punkte aktiv angelegt, sollten diese etwas abseits von Forststraßen und Wanderwegen liegen, damit das Wild durch Waldbesucher nicht gestört wird. Im Vorfeld der Pirsch sollten erforderliche Schussfenster freigeschnitten werden, damit das Projektil nicht durch Hindernisse in der Flugbahn abgelenkt

Bei der Feldpirsch kommt Wild häufig auf größere Distanz in Anblick und wird dann gezielt angegangen.

Ganz gezielt werden Hotspots im Revier vom Jäger angelaufen. Dies spart eine Menge Zeit.

wird. Auf den Pirschgängen können dann mehrere solcher Hotspots im Revier abgepirscht werden. Mit guter Revierkenntnis lassen sich Pirschrouten für jede Jahreszeit, Windrichtung, Wettersituation und Wildarten zusammenstellen. Auch wenn das Wild vorrangig im Bereich um die Spots erwartet wird und die Strecken dazwischen in zügigem Tempo abgegangen werden können, muss der Jäger dort stets aufmerksam bleiben.

Diese Pirschmethode wende ich gerne dann an, wenn ich etwas weniger Zeit für den Pirschgang investieren möchte und daher nur ein paar wenige Punkte im Revier angehe. Für Jäger, die nicht gern über den Zielstock schießen, bietet sich diese Art der Pirsch ebenfalls an. Dabei werden dann einfach ein paar Spots mit einer Ansitzeinrichtung bestückt. Die weiteren Sitze an der Pirschstrecke können dabei ebenfalls aufgesucht und eine kurze Beobachtungspause eingelegt werden. Wichtig ist, dass die Sitze unbemerkt erreicht und bestiegen werden können. Offene, ungedeckte Ansitzleitern sind daher weniger gut geeignet.

PIRSCHEN NACH KAMERAS

Eine besonders effiziente Form der Pirsch ergibt sich durch den kombinierten Einsatz von Funkkameras. Dabei sind zwingend die im jeweiligen Jagdgebiet geltenden gesetzlichen Bestimmungen zu beachten. In der Regel erfordern diese eine deutliche Kennzeichnung des Kamerastandortes sowie eine Ausrichtung des Geräts, die sicherstellt, dass keine Personen aufgenommen werden oder zumindest keine Gesichter identifizierbar sind. Moderne, KI-gestützte Kamerasoftware kann Gesichter automatisch verpixeln und erfüllt damit einen wesentlichen Teil dieser Anforderungen bereits systemseitig.

Besonders interessante Orte im Revier können beispielsweise Salzlecken sein.

Mit einem überschaubaren Maß an Vorbereitung lässt sich durch funkgestützte Wildkameras ein hoher jagdlicher Nutzen erzielen. Eine oder mehrere sendefähige Kameras werden dazu strategisch im Revier installiert, sodass Wildbewegungen in Echtzeit oder zeitnah übermittelt werden. Dies ermöglicht es, mit geringem Zeitaufwand regelmäßig Erfolg zu haben, da Pirschgänge gezielt geplant und auf bestätigte Aktivitäten ausgerichtet werden können.
Der Kamerastandort kann dabei eine Kirrung, Äsungsfläche, Wechsel oder auch Schadfläche sein. Sobald die Kamera ein Bild gesendet hat, kann der Jäger in die Nähe fahren, die jeweilige Stelle angehen und im besten Fall auch Wild erlegen. Hier ist es ein enormer Vorteil, wenn das Revier nur wenige Minuten vom Wohnort entfernt liegt. So kann daheim gewartet werden, bis die Wildkameras Bilder senden. Nach entsprechender Kontrolle der Bilder kann dann entschieden werden, ob die jeweilige Situation jagdlich genutzt werden kann oder nicht. Damit die „Wildkamerapirsch" erfolgreich ausgeübt werden kann, sollten folgende Punkte beachtet werden:

— Gute Revierkenntnisse sind erforderlich, um die Wildkameras an den richtigen Punkten zu platzieren.
— Gutes Verständnis der Wildaktivität und Bewegungsmuster im Revier müssen gegeben sein, um die Tiere auch noch bei der Kamera anzutreffen oder vorzugreifen und das ziehende Wild abzupassen.
— Pirschwege zu den Kamerastandorten müssen geräuscharm zu begehen sein. Idealerweise sind für die Hauptwindrichtungen verschiedene Pirschwege vorhanden.
— Die Windrichtung muss beim Angehen beachtet werden.
— Das Angehen sollte mit möglichst viel Deckung erfolgen, dementsprechend sollte auch der Pirschweg angelegt werden.
— Am Standort, der zur Schussabgabe vorgesehen ist, sollte das Schussfenster gut freigeschnitten sein.

Die Wildkamera hat die Sau abgelichtet und das Bild an den Jäger versendet. Nun kann über den möglichen jagdlichen Einsatz entschieden werden.

Wildkameras bieten auch Einblick in das Geschehen im Revier am Tag.

— Idealerweise ist dieser Standort auch ein Platz, an dem der Jäger ein großes Sichtfeld hat, um zu erkennen, ob noch weitere Tiere in der Nähe stehen und daher die Chance auf Doubletten oder Tripletten besteht.

Da die Pirsch nach Kameraauslösung in aller Regel kurz ausfällt, ist kaum Ausrüstung erforderlich. Eine spartanische Pirschgrundausrüstung reicht vollkommen aus.

BERGPIRSCH

Die klassische Jagdform für die Jagd auf Gamswild in den Alpen ist die Bergpirsch. Das Wild wird aus größerer Entfernung mit dem Fernglas gesucht und durch das Spektiv angesprochen. Da sich das Wild häufig über der Baumgrenze befindet, ist es vom Jäger in der Regel leicht zu entdecken. Ist ein passendes Stück gefunden, wird eine Pirschroute erstellt, um möglichst gedeckt auf Schussentfernung an das Stück heranzukommen. Bei der Bergpirsch sind häufig größere Schussentfernungen gegeben. Zudem muss der Jäger teils in steilem Gelände schießen. Daher stellt die Bergjagd recht hohe Ansprüche an die Schießfertigkeiten des Jägers. Auch ballistische Kenntnisse sind notwendig und nicht zuletzt körperliche Fitness, um erfolgreich diese Art der Pirschjagd auszuüben. Die Bergpirsch ist in aller Regel eine ganztägige Jagd, die auch manchmal mit einer Übernachtung im Berg kombiniert wird, um am nächsten Morgen bereits im Jagdgebiet zu sein. Daher ist für die Jagd im Gebirge die Ausrüstung auch am umfangreichsten und die Benutzung eines Rucksacks oder einer Kraxe unumgänglich. Die Pirsch im Berg ist häufig körperlich sehr anspruchsvoll, daher ist der Jäger gut beraten, wenn Wechselwäsche und eine isolierende wärmere Kleidungsschicht mitgeführt wird. Die Temperaturbereiche im Gebirge können von plus 15 Grad in der Mittagssonne zu minus 5 Grad im Schattenhang am Abend reichen. In der Regel verfügen Jäger nicht über ein eigenes Bergrevier, sondern die Bergjagd wird als Jagdgast ausgeübt. Aufgrund der fehlenden Revierkenntnisse wird der Gast in aller Regel von einem ortskundigen Jäger geführt. Dieser kennt die geografischen Besonderheiten und auch die gefährlichen

Die Pirsch in bergigem Gelände erfordert vom Jäger gute Vorbereitung im Vorfeld der Jagd.

Bereiche. Die Gefahr, als ortsunkundiger Jäger sich zu „versteigen", an einem steilen Geländeabbruch zu stehen und nicht weiterzukommen, ist sehr groß. Daher ist es allein schon aus Sicherheitsgründen ratsam, einen Begleiter zu haben, der das Gelände kennt. Aber auch als Unterstützung beim Ansprechen, Spotten nach dem Schuss und späteren Bergen ist eine weitere Person bei der Bergjagd dringend angeraten.

PRAXISTIPPS FÜR DIE BERGJAGD

- Trainieren Sie Ihre Schießfertigkeiten auf größere Entfernungen.
- Machen Sie sich mit der Ballistik Ihrer Waffe und Munition vertraut.
- Informieren Sie zu Beginn der Jagd Ihren Jagdführer über Ihre persönliche maximale Schussdistanz für einen waidgerechten Schuss. Falscher Ehrgeiz geht zulasten des Tierschutzes und ist fehl am Platz. Im Berg sind Nachsuchen zudem gefährlich für alle Beteiligten.
- Bereiten Sie sich auch körperlich auf die Bergjagd vor. Je besser trainiert Sie sind, umso mehr können Sie dieses Erlebnis auch genießen und Sie haben noch genügend Reserven, um konzentriert einen präzisen Schuss abzugeben.
- Informieren Sie Ihren Pirschführer rechtzeitig, wenn Sie konditionell oder auch technisch an Ihre Grenze kommen, damit dieser die Route ändern kann.
- Sprechen Sie sich im Vorfeld mit dem Jagdführer ab, welche Ausrüstung Sie benötigen, damit nicht unnötig viel Material getragen werden muss. In der Regel haben die ortskundigen Jäger ein Spektiv und Entfernungsmesser dabei, so dass Sie sich dieses Gewicht ersparen können.
- Machen Sie sich im Vorfeld der eigentlichen Jagd mit Ihrer Ausrüstung vertraut. Bergschuhe sollten eingelaufen werden. Auch die Einstellungen am Rucksack sollten im Vorfeld der Jagd erfolgen.

NACHTPIRSCH AUF SAUEN

Die Sauenpirsch in der Nacht ist mittlerweile zur hochtechnisierten Jagd geworden. Früher konnte diese nur bei gutem Mondlicht oder Schnee durchgeführt werden. Mittlerweile sind Wärmebildhandgeräte sowie -vorsatzgeräte Standard bei der Jagd auf Schwarz- oder auch Raubwild. Beachten Sie aber auch hier unbedingt die gesetzlichen Rahmenbedingungen, denn nicht alles ist überall erlaubt!

Jedoch wird aufgrund der hohen Technisierung häufig vernachlässigt, dass die Jagd in der Nacht auch an den Jäger sehr hohe Anforderungen stellt. Es sind sehr fundierte Revierkenntnisse erforderlich, um das entdeckte Wild unbemerkt angehen zu können. Noch viel wichtiger ist die Revierkenntnis, um die Entfernung korrekt einschätzen zu können. Auch wenn die Distanz zum Wild bei neueren Wärmebildgeräten per Laser gemessen werden kann, ersetzt das die Vertrautheit mit dem Gelände nicht, denn den Kugelfang als wichtiger sicherheitsrelevanter Punkt kann nur der Jäger einhalten, der das Gelände gut kennt. Die Anwendung der Technik bei der nächtlichen Jagd hat auch aus der Sicht des Schweißhundeführers erhebliche Vorteile zum Wohl des Wildes. Seitdem Wärmebildgeräte erschwinglich sind und bei der Jagd regelmäßig Anwendung finden, kamen in unserem Einzugsgebiet keine laktierenden Bachen mehr zur Strecke. Auch ist die Zahl von Keulenschüssen stark zurückgegangen, da die Jäger nun sicher vorne von hinten unterscheiden können, was ohne Wärmebildtechnik häufig nur schwer möglich war. Allerdings ist die Technik nur so gut, wie der Anwender, der sie einsetzt. Leider hat die Anzahl an Nachsuchen durch gewagte Schüsse, Vegetation oder auf übermäßig große Distanzen, deutlich zugenommen.

Bei nächtlicher Pirsch auf Schwarzwild in gemischten, aber auch reinen Feldrevieren wird versucht, von Beobachtungspunkten aus möglichst viel Fläche einzusehen. Von diesen Warten aus wird nach Schwarzwild, bevorzugt auf schadensträchtigen Flächen, Ausschau gehalten. Hat der Jäger mit dem

Die Nachtpirsch auf Sauen und Raubwild ist aufgrund von Wärmebild- und Nachtsichttechnik deutlich effektiver geworden.

Wärmebildhandgerät Sauen entdeckt, wird das Wild möglichst unauffällig gegen den Wind angegangen. Dabei wird dann die Distanz zum Wild soweit verringert, bis ein sicherer Schuss möglich ist. Die jeweilige Distanz hängt von den Fertigkeiten des Schützen sowie der jeweiligen Situation selbst ab. Da Schwarzwild nicht besonders gut äugt und im Rottenverband selbst häufig recht laut ist, muss vorrangig der Wind beachtet werden. So kann Schwarzwild häufig ohne Probleme bis auf unter 100 Meter angegangen werden. Aufgrund der verhältnismäßig geringen Entfernung können die entdeckten Stücke sicher angesprochen und ein gegebenenfalls passendes Stück ausgemacht werden.
Da in dem Buch „Nachtjagd auf Sauen" (ebenfalls im Kosmos Verlag erschienen) dezidiert auf diese Jagdmethode eingegangen wird, möchte ich hier nur noch ein paar wichtige Punkte wiederholen. Wichtig bei der Nachtjagd auf Schwarzwild ist:

- Machen Sie sich am Tag mit den Revierverhältnissen vertraut. Entfernungen zu markanten Punkten sollten im Vorfeld der Jagd gemessen werden, um die Situation nachts richtig einordnen zu können.
- Messen Sie im Zweifelsfall die Entfernung zum Wild bei Nacht. Sehr häufig wird die Distanz deutlich unterschätzt. Die helle Signatur im Wärmebildgerät und die interne Vergrößerung des Vorsatzgerätes täuschen eine kürzere Distanz vor.
- Prägen Sie sich die Kugelfangsituation am Tag gut ein. Merken Sie sich vor allem kritische Bereiche wie beispielsweise Siedlungen, Straßen oder Wege, die sie in der Nacht nicht erkennen können.
- Riskieren Sie keine Schüsse auf große Distanzen. Eine Annäherung an Schwarzwild auf 60 bis 80 Meter ist, wenn der Wind beachtet wird, meist problemlos möglich.

Bei der Pirsch sollte der Jäger darauf achten, sich möglichst gedeckt fortzubewegen.

Ohne Vergrößerung ist mit bloßem Auge hier kein Wild zu sehen.

Immer noch ist kein Stück Wild erkennbar.

- Schießen Sie nicht durch Vegetation. Ein Maisstängel oder ein paar Getreideähren verändern die Außen- und Zielballistik Ihres Projektils mit hoher Wahrscheinlichkeit.
- Prägen Sie sich den Ort des Anschusses vor Schussabgabe gut ein. Auch nachts können Sie markante Punkte mit dem Wärmebildgerät erkennen. Dies erleichtert die Lokalisierung des Anschusses erheblich.
- Markieren Sie Ihren Standort im Moment der Schussabgabe mit einem kleinen Blink- oder Knicklicht.
- Anschüsse sind extrem selten mithilfe des Wärmebildgerätes zu finden. Nur wenn größere Mengen Muskelgewebe oder Mageninhalt am Anschuss zu finden sind, bleibt die Wärme ein paar Minuten erkennbar. Schweiß hat bereits nach wenigen Sekunden die Umgebungstemperatur angenommen und ist damit im Wärmebildgerät nicht mehr erkennbar.

PIRSCHROUTE

Die optimale Route verläuft so, dass der Jäger möglichst gedeckt, leise und gegen den Wind pirschen und dadurch vom Wild nicht wahrgenommen werden kann. Um dies zu erreichen, wird im Vorfeld der Pirsch die Route geplant. Diese ändert sich je nach Wetter, Windrichtung, Tageszeit und auch Jahreszeit. Die richtige Routenwahl ist einer der wesentlichen Faktoren für eine erfolgreiche Pirschjagd.
Im hügeligen oder bergigen Gelände kommt neben der Hauptwindrichtung noch die Thermik hinzu. Darum sollte der Jäger bei der Morgenpirsch den Hang von unten her beginnen zu erpirschen, da die Luftmassen bis zum Einsetzen der Thermik von oben nach unten strömen. Umgekehrt verhält es sich am Abend. Da verursacht die Thermik eine ständige Luftbewegung den Hang hinauf. Daher liegt der Start der Nachmittagspirsch idealerweise oben am Berg.

Erst bei hoher Vergrößerung ist das Reh im Hang auszumachen.

Der Jäger pirscht dann bergab, um nicht das oberhalb von ihm befindliche Wild mit der eigenen Wittrung zu vergrämen.
In ebenem oder weniger steilem Gelände, in dem keine thermischen Windströmungen entstehen, muss die Hauptwindrichtung beachtet und die Route möglichst so gewählt werden, dass sie gegen den Wind verläuft. Wie bereits beschrieben, gibt es aber immer wieder tückische Windsituationen, in denen trotz vermeintlich gutem Wind das Wild plötzlich Wittrung vom Jäger bekommt und abspringt. Je stärker die Luftbewegungen sind, desto wahrscheinlicher sind solche Effekte.

Auf der gewählten Strecke sollten die wildträchtigen Flächen aus einer Distanz von 300 bis 400 Meter einsehbar sein, um bereits Wild auszumachen. Zudem realisieren Wildtiere die Anwesenheit des Jägers auf über 300 Meter in der Regel nicht, wenn der Pirschjäger sich korrekt verhält. Dies gelingt natürlich in hügeligem oder bergigem Gelände deutlich leichter. In engen Tälern gehe ich deshalb gerne am Gegenhang, um mich nicht direkt in den Bereichen zu bewegen, die ich bejagen möchte. Mit etwas Erfahrung ist dann auch bald bekannt, an welchen Punkten im Hang das Wild anzutreffen ist. Dank Wärmebildtechnik muss

Wild heute auch bei der Tagespirsch nicht langwierig gesucht werden. Das Fernglas dient nach dem Finden dann dazu, das Wild anzusprechen und das Schussfeld zu prüfen. Ist dann eine Annäherung auf etwa 200 Meter möglich und das Schussfeld auf ein passendes Stück frei, kann ohne zu viel Jagddruck ein Abschuss getätigt werden.

GERÄUSCHKULISSEN NUTZEN

Auch wenn ein wesentlicher Reiz der Pirschjagd in der Ruhe und Stille der Natur liegt, nutze ich bei der Wahl meiner Pirschroute gezielt natürliche oder künstliche Geräuschkulissen, um eigene Bewegungsgeräusche zu überdecken. Ob plätscherndes oder rauschendes Wasser eines Baches, das Brummen des Verkehrs auf einer Straße oder technische Umgebungsgeräusche – all dies kann helfen, das unvermeidliche Rascheln des Laubes, Knirschen der Steine oder das Rascheln der Kleidung zu verschleiern. Daher fällt meine Wahl bei der Planung der Route sehr häufig auf Strecken, die entlang von Bächen oder Straßen führen. Hier muss ich bei der Pirsch nicht extrem vorsichtig gehen und verrate mich trotzdem nicht durch leise Geräusche. Zudem profitiere ich in Straßennähe davon, dass durch die permanente Bewegung des Verkehrs meine eigenen Bewegungen weniger auffällig sind. Äußerst positiv ist zudem, dass dadurch die Anzahl an Wildunfällen gesenkt wird, weil ich dort bewusst den Wildbestand absenke. Unser Ziel sollte es sein, dass die Jagdausübung vom Wild nicht wahrgenommen wird. Trotzdem lässt es sich nicht gänzlich vermeiden, dass Wildtiere unsere Aktivität registrieren. Durch die Wahl einer Pirschroute entlang von Straßen nutze ich den dort bestehenden Vergrämungseffekt gezielt, um angrenzende Flächen für das Wild weniger attraktiv zu halten und damit gleichzeitig das Risiko von Wildunfällen zu reduzieren. Bei einer solchen Vorgehensweise sind jedoch die lokalen Rahmenbedingungen zwingend zu berücksichtigen. Im ländlichen Raum stellt ein Jäger, der sich entlang einer Straße bewegt, in der Regel ein vertrautes und unauffälliges Bild dar. In urban geprägten Gebieten hingegen kann eine bewaffnete Person am Straßenrand Aufmerksamkeit oder Irritation hervorrufen. Unter solchen Umständen sollte eine Pirsch entlang von Verkehrswegen vermieden oder auf absolut unkritische Bereiche beschränkt werden.

Natürliche Geräusche wie beispielsweise das Rauschen eines Baches überlagern die Geräusche des pirschenden Jägers.

So besser nicht: Die ohne Deckung pirschende Jägerin ist hier gegen den hellen Horizont ruckzuck zu entdecken.

Schuss- und Sichtfenster sollten im Vorfeld der Pirsch vorbereitet werden.

Ein weiteres Kriterium bei der Streckenwahl betrifft die Deckung. Daher sind alle möglichen Optionen für einen Sichtschutz in die Route einzubeziehen. Sehr gut geeignet sind Gehölzstreifen, Baumreihen, längere Brennholzstapel oder Siloballen – allesamt Landschaftselemente, die dem Jäger ermöglichen, die eigene auffällige Silhouette zu verschleiern oder zu verdecken.
Weitere Landschaftsstrukturen, die optimal sind, um sich verdeckt zu bewegen, sind Geländekanten, Gräben und Senken. Wenn der Jäger nur so weit aus der Deckung heraustritt, dass er die Kante überblicken kann, bleibt der restliche Körper im Sichtschutz für das Wild verborgen.
Alle genannten Kriterien für die Streckenwahl sind natürlich hinfällig, wenn dadurch jegliches Sicht- und Schussfeld verhindert wird. Somit ist jede Route meist ein Kompromiss zwischen bestmöglichem Wind, Geräuschverschleierung, Deckung und dem notwendigen Sicht- und Schussfeld.
Mit zunehmender Pirscherfahrung und den Erkenntnissen aus Erfolgen sowie Miss-

erfolgen, kann die jeweilige Pirschroute modifiziert werden. So kann beispielsweise in Bereichen mit keinerlei Sichtfeld oder Kugelfang auch auf eine unbemerkte Fortbewegung verzichtet und vielmehr als vermeintlicher Spaziergänger agiert werden. Wohingegen an anderen Stellen eventuell ein Umweg eingebaut werden sollte, um das Wild vertraut zu belassen und nicht frühzeitig durch die eigene Bewegung zu warnen.

PIRSCHPFADE

Ein letzter Punkt, der den Pirschverlauf beeinflusst, sind die im Revier vorhandenen Pirschpfade. Unsere Landschaft ist, bis auf wenige Ausnahmen (größere Moorgebiete oder das Hochgebirge), sehr intensiv mit Infrastrukturlinien durchzogen. Neben öffentlichen Straßen sind dies vor allem Wege, die zur Bewirtschaftung der Flächen dienen. Diese Wege in landwirtschaftlichen Flächen und im Wald bieten sich sehr häufig als Pirschweg an, weil sie ohne weiteren Aufwand zu benutzen sind und von den Bewirtschaftern gepflegt werden. Wenn die Oberfläche asphaltiert, gewalzt ist oder aus feinem Sand oder Gras besteht, ist diese annähernd ideal für die lautlose Pirsch. Einziger Aufwand, den wir Pirschjäger dann noch betreiben müssen, ist das Herstellen von Schussfenstern an den Punkten, an denen wir mit Wildanblick rechnen.

RAD- UND WANDERWEGE

Neben den breiteren land- und forstwirtschaftlichen Wegen finden sich häufig noch eine Vielzahl an schmaleren Rad- und Wanderwegen. Je nach Region sind diese von Besuchern stark frequentiert. Dann eignen sich diese touristischen Pfade nur bedingt zum Pirschen, weil ein regelmäßiger Kontakt mit Wanderern gelegentlich zu Diskussionen oder auch Konflikten führen kann. Auch ist bei hohem Besucherandrang

In diesem Fall wird ein bereits vorhandener Pfad im Wald für die Pirsch genutzt.

Asphaltwege eignen sich ideal für die Pirsch. Die Fortbewegung darauf ist nahezu lautlos möglich.

Auf dem Grasstreifen des Forstwegs ist die Fortbewegung deutlich leiser als auf den eigentlichen Fahrspuren.

im Gelände eine sichere Schussabgabe sehr schwierig. Weiterhin ist die Beobachtbarkeit von Wild durch die Unruhe im Gelände häufig deutlich reduziert. Trotzdem können Wanderwege sehr vielversprechende Pirschstrecken darstellen, wenn der richtige Zeitraum gewählt wird, beispielsweise ganz früh am Morgen oder bei Regenwetter, wenn erfahrungsgemäß sehr wenige Freizeitnutzer unterwegs sind. Beachten Sie jedoch immer penibel die Sicherheit bei der Schussabgabe, um nicht Ihre Zuverlässigkeit aufs Spiel zu setzen.

Durch die regelmäßige Frequentierung der Wege hat sich das Wild teilweise auf diese Art der Beunruhigung eingestellt und erkennt darin keine Gefahr. Das können wir zu unserem Vorteil nutzen, indem wir uns auf diesen Wegen wie ein Spaziergänger oder Wanderer verhalten. Wild erkennt uns dann erst als Gefahr, wenn unsere Bewegungsmuster vom Bekannten abweichen.

Auf vielen Forstwegen wird zur Stabilisierung ein Schottergemisch eingebracht, das eine sichere Befahrung und problemlose Holzabfuhr ermöglicht. Für die Pirsch sind solche Wege jedoch ungünstig, da der grobe Untergrund bei jedem Schritt gut hörbar knirscht. Auf diesen Wegen ist es daher entscheidend, den jeweils leisesten begehbaren Bereich zu identifizieren. Dies kann der grasbewachsene Mittelstreifen, das feinsandige Bankett oder eine plattgewalzte Fahrspur sein. Mit etwas Erfahrung entwickelt man ein sicheres Gefühl dafür, welche Untergründe die geringste Geräuschentwicklung verursachen.

Bei der Pirsch im Team ist zudem zu beachten, dass der Teampartner scheinbar stets lauter geht. Der Grund liegt in der horizontalen Ausrichtung unseres Gehörs. Geräusche unmittelbar unter den eigenen Füßen nehmen wir deutlich schlechter wahr als jene, die sich vor oder hinter uns ereignen.

Die vermeintliche große Lautstärke des Partners ist daher in der Regel eine Wahrnehmungstäuschung – die eigenen Schrittgeräusche sind mindestens genauso laut.

RÜCKEGASSEN

Unsere Wirtschaftswälder sind zusätzlich zu den befestigten Forstwegen durchzogen von Holzrückewegen, sogenannten Rückegassen. Diese werden aber nicht frei gehalten für die Befahrung durch Pkw, sondern sind für Forstmaschinen konzipiert. Zur Stabilisierung der Gasse und Vermeidung von zu viel Bodenzerdrückung wird häufig Reisig, welches bei der Holzernte anfällt, auf der Gasse belassen. Daher sind diese Erschließungslinien nur selten als Wege für die Pirsch geeignet. Denn Reisig, Matsch und Wasserlöcher erschweren das Laufen und sind zudem auch laut. Jedoch gibt es teilweise Gassen, die bewusst von Reisig freigehalten werden. Finden sich solche im Revier, können diese selbstver-

Wo die Pirsch auf dem Forstweg am leisesten möglich ist, hängt von der Beschaffenheit des jeweiligen Weges ab.

Flächen, die mit kurzen Gras bewachsen sind, eignen sich ideal für eine geräuscharme Pirsch.

Beachten Sie jedoch, dass es – je nach Landesgesetzgebung – Einschränkungen des freien Betretungsrechts in der offenen Landschaft geben kann (z. B. § 44 *Schranken des Betretungsrechts*, Naturschutzgesetz Baden-Württemberg). Auch wenn wir als Jäger hierbei teilweise privilegiert sind, sollte dieses Privileg nicht überstrapaziert werden. Es empfiehlt sich stets, das Betreten von landwirtschaftlichen Flächen mit dem Bewirtschafter oder Grundeigentümer abzustimmen. Wird eine solche Rücksprache gehalten, kommt es erfahrungsgemäß nur in sehr seltenen Fällen zu Einschränkungen oder gar einer Ablehnung.

ständlich in die Pirschroute integriert werden.
In der offenen Landschaft stehen bei der Wahl des Weges zusätzlich verschiedene Randlinien zwischen den Schlägen zur Verfügung. Wenn dort der Bewuchs nicht zu hoch ist, sind dies hervorragende Möglichkeiten für das lautlose Vorankommen. In den meisten Getreidefeldern sind immer wieder Spritzgassen vorhanden. Dabei handelt es sich um die Fahrspuren der landwirtschaftlichen Geräte. Diese sind breit genug, um dort gut gehen zu können, ohne permanent mit der Kleidung an der Vegetation zu streifen – dies würde zu viele Geräusche produzieren. Zusätzlicher Vorteil der Spritzgassen ist das hochstehende Getreide, das dem Jäger gleichzeitig eine gewisse Deckung bietet.
Das niedrige Gras der Wiesen ist ebenfalls im Offenland ein gut geeigneter Pirschuntergrund. Sobald das Gras aber etwas höher gewachsen ist, kann sich der Jäger darin nicht mehr lautlos bewegen. Gleiches gilt bei gemähten Wiesen oder Stoppeläckern. Die kurzen aber harten Stängel des Grases bzw. Getreides sind dann extrem laut, wenn man darüber läuft.

SELBSTANLAGE

Sehr aufwendig, in bestimmten Situationen jedoch notwendig und oft ausgesprochen effektiv, sind gezielt angelegte Pirschpfade. Mit einem groben Laubrechen oder einer Harke werden diese Wege vom Jäger selbst geschaffen. Dabei kann der Verlauf frei gewählt und exakt an die Geländegegebenheiten, Windverhältnisse und Wildeinstände angepasst werden. So lassen sich bestimmte Bereiche oder Spots erschließen. Schlecht geeignete, laute oder einsehbare reguläre Waldwege können durch die bewusste Anlage von Pirschpfaden umgangen werden. Solche Pfade ähneln Wegen, die wir Jäger ohnehin als Zugänge zu Ansitzeinrichtungen anlegen. Für die Pirschjagd sind sie

Bei der Anlage und Pflege von Pirschwegen leistet ein Laubbläser wunderbare Dienste.

jedoch meist deutlich länger, verzweigen gelegentlich und enden nicht an einem Hochsitz oder einer Leiter, sondern bilden im besten Fall eine stimmige Pirschrunde. Die Erstanlage dieser Pirschwege ist arbeitsintensiv: Laub, Äste, Reisig, größere Steine und Stolperhindernisse müssen auf einer Breite von etwa 20 Zentimetern vollständig entfernt werden. Ziel ist es, einen Weg zu schaffen, auf dem der Jäger leise, unauffällig und ohne dauernden Blick auf den Boden vorankommt. Mindestens einmal jährlich sollten die Pirschpfade gepflegt werden, um Laub, herabgefallene Äste und sonstige Störfaktoren zu beseitigen. Dies kann mit einem Laubrechen, aber auch mit einem Laubbläser erfolgen.

Ob sich die Anlage solcher Wege lohnt, hängt maßgeblich davon ab, wie gut die vorhandenen Infrastrukturlinien des Reviers nutzbar sind. In Revieren mit viel Totholz, unebenem Gelände oder laubintensiven Beständen kann ein gut angelegter Pirschpfad über Erfolg und Misserfolg entscheiden.

JÄGERSTEIGE

In steilen Hängen, insbesondere im Gebirge, werden für jagdliche Zwecke sogenannte Jägersteige angelegt. Diese schmalen, oft anspruchsvollen Steige sind in vielen Revieren die einzige Möglichkeit, Berghänge abseits der offiziellen Wanderwege sicher zu begehen – und damit auch pirsch- und bejagbar zu machen.

Auf eigens angelegten Pirschpfaden lässt sich bei guter Pflege lautlos pirschen.

Jägersteige im Gebirge verlangen dem Jäger häufig einiges an Können ab.

Wechsel sind für die Pirsch nur bedingt gut geeignet. Häufig verlaufen die Wildwege durch teils dichte Vegetation.

Die Anlage solcher Jägersteige ist außerordentlich arbeitsintensiv. Mit Harke oder Pickel wird im steilen Gelände ein schmaler, trittfester Fußweg in den Hang gearbeitet. Die Arbeit ist körperlich fordernd, aber ein einmal angelegter Steig bleibt meist über Jahrzehnte oder gar Generationen erhalten und wird von den jeweils nachfolgenden Jägern gepflegt und weiter genutzt.
Um zu verhindern, dass Wanderer diese Wege entdecken – denn sie führen oft durch landschaftlich beeindruckende, aber nicht für touristische Nutzung gedachte Bereiche –, werden die Einstiege bewusst unauffällig gehalten. Die ersten Meter des Steiges bleiben meist unbearbeitet, sodass der Pfad nicht mit einem regulären Wanderweg verwechselt wird. Erst weiter oben beginnt der tatsächlich präparierte Abschnitt.
Damit bleiben Jägersteige funktionale, sichere und geschützte Zugänge zu anspruchsvollen Bergrevieren – ohne zusätzlichen Publikumsverkehr ins Revier zu lotsen und ohne unnötige Störung des Wildes.
Eine weitere Möglichkeit für einen Pirschpfad bieten Wildwechsel. Vor allem in Hanglagen wählt das Wild seine Wechsel so, dass ein möglichst guter Überblick besteht – häufig leicht gedeckt, aber dennoch mit freier Sicht ins umliegende Gelände. Genau diese Eigenschaften sind es, die auch für den Jäger auf der Pirsch besonders wertvoll sind.
Sind die Wechsel regelmäßig genutzt, sind sie entsprechend ausgetreten und meist sehr leise durch den Jäger zu begehen – also eigentlich ideale Pirschwege. Doch gerade

weil sich das Wild hier bevorzugt bewegt, besteht die Gefahr, dass es plötzlich und unvermittelt auftaucht. Daher ist auf Wechseln hohe Konzentration erforderlich. Nicht immer sind die Pfade zudem völlig frei von Vegetation. Schon geringes Streifen von Hose oder Jacke an Ästen oder krautigen Pflanzen kann zu ungewollter Geräuschentwicklung führen und das Wild frühzeitig warnen. Aus diesem Grund würde ich Wildwechsel nur in speziellen Situationen bewusst als Pirschweg nutzen – und nur dann, wenn Wind, Sicht, Geländestruktur und Wildaktivität es zulassen.

Nasses Laub auf den Wegen ist kein Problem. Trockene Blätter veraten den Pirschjäger jedoch bereits auf große Distanz zum Wild.

DER IDEALE PIRSCHZEITPUNKT

WANN PIRSCHEN?

Der ideale Zeitpunkt für eine erfolgreiche Pirschjagd ergibt sich aus einer Kombination verschiedener Faktoren.

Neben den jagdrechtlichen Rahmenbedingungen spielen vor allem die wildbiologischen Aktivitätsrhythmen im Jahreslauf, die Tageszeit sowie aktuelle Wetterbedingungen eine entscheidende Rolle. Im Folgenden beschreibe ich meine Erfahrungen und Beobachtungen dazu, wann die Pirschjagd unter welchen Umständen besonders erfolgversprechend ist und wann eher nicht.

WILDAKTIVITÄT IM JAHRESLAUF

Die Aktivitätsmuster des Wildes verändern sich im Laufe des Jahres teils erheblich. Je nach Fortpflanzungszeit, Vegetationsstand, Nahrungsangebot und Witterung sind Wildarten zu bestimmten Zeiten deutlich häufiger unterwegs oder nutzen gut vorhersagbare Bewegungsrouten.

In den Sommermonaten ist das Wild eher in den kühleren Abschnitten des Tages aktiv.

Im Frühjahr steigt die Aktivität vieler Wildarten merklich an. Das frische Grün liefert frische, energiereiche Äsung und zieht Reh-, Rot- und Schwarzwild gleichermaßen aus der Deckung. Besonders an sonnigen Tagen nach längeren Schlechtwetterphasen zeigen sich Wildtiere häufig und sind oftmals länger aktiv.
Im Sommer hingegen konzentriert sich die Aktivität auf die kühleren Tagesabschnitte. Hitze und Insekten sorgen dafür, dass das Wild tagsüber eher ruht und erst in der Abend- oder Nachtkühle äst. Eine Ausnahme stellt die Blattzeit dar: In dieser Phase können Rehböcke und Ricken nahezu zu jeder Tageszeit unterwegs sein – ein Umstand, den man für die Pirsch optimal nutzen kann.
Der Herbst ist geprägt von Brunft, Mast und intensiver Vorbereitung auf den Winter. Rotwild befindet sich in der Brunft und ist akustisch sowie optisch überdurchschnittlich präsent. Schwarzwild konzentriert sich auf Eichelmast und andere energiereiche Nahrungsquellen und zieht dazu oft über längere Strecken durchs Revier.
Im Winter schalten viele Wildarten in einen Energiesparmodus. Bewegungsradien verkleinern sich, Wechsel werden konsequenter genutzt, und Aktivität erfolgt häufig in kürzeren, klar strukturierten Phasen. Vor allem in dieser Zeit kann die Pirsch – wenn sie sehr vorsichtig erfolgt – dank der Vorhersagbarkeit besonders erfolgreich sein. Exemplarisch stelle ich hier die Jahresaktivitäten unserer drei prominentesten Schalenwildarten – Reh-, Rot- und Schwarzwild – vor.

REHWILD IM JAHRESLAUF:

In den ersten beiden Monaten im Jahr – Januar und Februar – zeigt das Rehwild nur eingeschränkte Aktivitäten. Es herrscht noch Winterruhe – der Verdauungstrakt ist auf eine reduzierte Nahrungsaufnahme eingestellt. Auch wenn Rehwild teilweise noch Jagdzeit hat, sollte der Jäger zumindest bei hohen Schneelagen dem Wild in dieser Zeit die nötige Ruhe zukommen lassen.
Ab dem Monat März steigt bei unserer kleinsten einheimischen Schalenwildart die Aktivität rasant an. Rehböcke legen ihre Reviere fest, die Kitze des vergangenen Jahres beginnen teilweise mit der Suche nach freien Revieren und der Nahrungsbedarf der trächtigen Geißen steigt stark an. Dies alles wird durch die Tageslichtlänge und somit auch die wachsende Vegetation gesteuert und unterstützt. Diese Phase dauert bis etwa Mitte Juni. Dann sind die Reviere zugeteilt, die meisten Kitze gesetzt und dadurch der soziale Stress und die Aktivität des Rehwildes rückläufig.

Sauen lieben Eicheln und Bucheckern. In Mastjahren sind fruktifizierende Waldbestände Hotspots für die Schwarzwildjagd.

Einjährige im Fokus

Für die Rehwildbejagung, auch für die Pirsch, bedeutet dies, dass ab April bis Mitte Juni eine sehr erfolgversprechende Phase für die Rehwildjagd besteht. Jährlinge und Schmalrehe sind gut zu erkennen und meist ohne Geiß unterwegs. Regelmäßig gelingen zu dieser Zeit Dubletten aus zwei einjährigen Stücken. Abschüsse, ohne Zeugen zu hinterlassen, sind zu dieser Zeit gut möglich.

Weiterhin erfolgt durch den jagdlichen Schwerpunkt auf Jährlinge und Schmalrehe ein verstärkter Eingriff in die Jugendklasse, der in der Regel immer gewünscht ist. Selbstverständlich sind auch die älteren Böcke in dieser Jahreszeit sehr aktiv und können bei ihrem intensiven Reviermarkieren oder langanhaltendem Äsen gut entdeckt und auch erlegt werden. Die im zeitigen Frühjahr noch wenig entwickelte Vegetation ermöglicht in vielen Bereichen noch große Sichtfelder und das Wild ist daher viel leichter zu finden.

Die Zeit zwischen Mitte Juni und Ende Juli ist beim Rehwild die Feistzeit. Die Aktivität und damit auch die Beobachtbarkeit sind zu dieser nicht sonderlich hoch. Da die Schmalrehe nun schon deutlich an Gewicht zugelegt haben und die Geißen auch vollständig verfärbt sind, ist es häufig schwierig, sie sicher voneinander zu unterscheiden. Die Bejagung allen weiblichen Rehwildes sollte ab dieser Zeit bis in den Herbst warten. Natürlich sind die Böcke, insbesondere Jährlinge, immer noch unterwegs und können auch in diesem Jahresabschnitt im Rahmen der Pirsch bejagt werden. Allerdings ist die Vegetation vielerorts zu dieser Jahreszeit sehr hoch und die Sicht daher meist extrem eingeschränkt. Es ist durchaus sinnvoll, in diesem Jahresabschnitt ein Ruheintervall einzulegen, um den Jagddruck zu reduzieren.

Blattzeit

Nach der Brunft, die je nach Region gegen Ende Juli ihren Höhepunkt erreicht hat, beginnt die Blattzeit. Ein kurzer Zeitraum von zwei bis drei Wochen, in dem Rehböcke mit dem Blatter gelockt werden können. Eine spannende Jagdmethode, die auch als Pirschjagd ausgeübt werden kann. Allerdings sollten die Blattstände oder -plätze im Vorfeld ausgesucht sein. Dann kann der Jäger die einzelnen Stände anpirschen, dort verweilen und blatten. Sollte kein passender Bock zustehen, kann nach einiger Zeit zum nächsten Stand weitergepirscht werden.

Nach der Blattzeit, etwa Mitte August, sind die Rehböcke erst einmal kaum noch zu sehen. Am aktivsten sind zu dieser Zeit die laktierenden Geißen mit ihren Kitzen. Da diese noch Schonzeit haben, bietet sich die

Die relativ hoch gewachsene Vegetation macht das Schießen im Sommer häufig nicht ganz einfach.

Besonders hohe Aktivität zeigt das Rehwild in der Blattzeit.

Zeit nach der Blattjagd als nächstes Ruheintervall an.
Ab Mitte September bis Mitte Oktober ist ein weiterer Aktivitätsschwerpunkt beim Rehwild. Nun wird vor dem Haarwechsel sehr viel Nahrung aufgenommen, um für den Winter die nötigen Reserven aufzubauen. Zeitgleich beginnt auch das Laub der Bäume zu verfärben und die Blätter fallen langsam. Das sorgt für mehr Sicht- sowie Schussfeld für den Jäger – ein sehr guter Jahresabschnitt, um den Abschuss voranzubringen. In vielen Regionen haben die Kitze zu dieser Zeit schon ein Gewicht von zehn und mehr Kilogramm, so dass die Stücke gut vermarktet werden können.
Mit Voranschreiten des Herbstes nimmt der Laubfall stark zu und zu dieser Zeit, Ende Oktober, kommt es häufig zu den ersten Herbststürmen. Dadurch ist es in der Natur – speziell im Wald – sehr laut und unruhig. Das Rehwild ist für zwei bis drei Wochen zu dieser Zeit sehr heimlich und kaum sichtbar, eine typische Phase, um nochmals Jagdruhe einkehren zu lassen.

Aktivität nach Haarwechsel

Mit dem Abschluss des Haarwechsels steigt die Aktivität der Rehe wieder an. Nun wird die vorhandene Baummast genutzt, um die Reserven für den Winter endgültig aufzubauen. Teilweise sind in den kurzen Tagen die Rehe beinahe permanent unterwegs, um Nahrung aufzunehmen. Da nun, im November, fast kein Laub mehr auf den Bäumen und Sträuchern hängt, sind die Bedingungen nun optimal, um die Jagd auf der Pirsch auszuüben.

Im Spätherbst nach dem Haarwechsel ist Rehwild wieder sehr aktiv – ein idealer Zeitpunkt für die Pirsch.

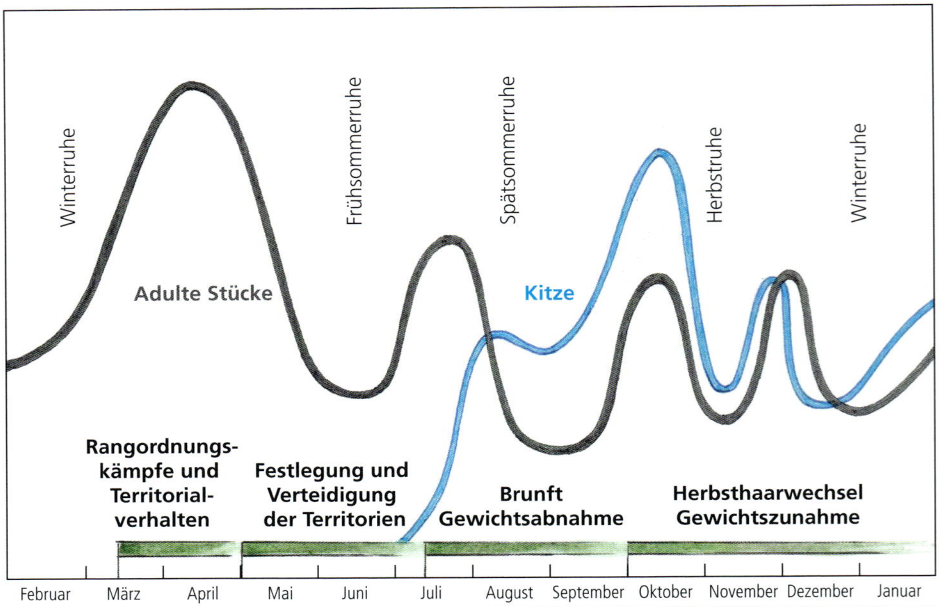

Lebensrythmus des Rehwilds (nach Ellenberg 1975)

Ab Dezember geht Rehwild in die Winterphase und somit in den Energiesparmodus. Die Tiere bewegen sich möglichst wenig, um wenig Energie zu verbrauchen. Die Verdauung und auch weitere Körperfunktionen sind auf Sparbetrieb eingestellt, um die nun anstehende Notzeit möglichst gut zu überstehen. In dieser Zeit kann der Jäger die letzten notwendigen Abschüsse sehr gut auf der Pirschjagd erledigen. Allerdings ist die Aktivität des Wildes runtergefahren. Dementsprechend langwierig können sich nun die Pirschgänge gestalten, bis ein Stück erlegt werden kann. Da vor Weihnachten die Nachfrage nach Wildbret erfahrungsgemäß am größten ist, versuche ich bis zu den Feiertagen den Großteil des Abschusses getätigt zu haben, um dann in den letzten Wochen der Jagdzeit nur noch punktuell einzugreifen.

IDEALE ZEITEN FÜR DIE REHWILDPIRSCH

- Zeitiges Frühjahr, mit möglichst wenig Laub. Bevorzugte Jagd auf Schmalrehe und Böcke.
- Brunft und Blattzeit auf Rehböcke.
- Vor Laubabfall und Haarwechsel in der ersten herbstlichen Aktivitätsphase.
- Nach Laubabfall im vorwinterlichen Aktivitätsabschnitt.

ROTWILD IM JAHRESLAUF

Hochwild – insbesondere Rotwild – auf der Pirsch zu bejagen, ist für viele Jäger kaum vorstellbar. Sie vertreten die Auffassung, dass die Pirschjagd einen zu hohen Störeinfluss auf das Wild ausübe und dessen Raum-/Zeitverhalten dauerhaft beeinträchtige. Diese Sorge ist nicht unbegründet, denn vor allem das weibliche Rotwild zeigt ein auffallend wachsames und vorsichtiges Verhalten. Bereits geringe Unachtsamkeiten, insbesondere eine ungünstige Windrichtung, führen beinahe zwangsläufig dazu, dass das Wild den Jäger frühzeitig wahrnimmt und flüchtet. Solche Situationen können, wenn sie häufiger auftreten, durchaus eine vergrämende Wirkung entfalten.

Aus diesem Grund muss die Pirsch auf Hochwild mit größter Sorgfalt, gut dosiert und niemals routinemäßig durchgeführt werden. Ein wesentlicher Unterschied zum Ansitz besteht darin, dass zwar auch der Ansitzjäger eine Duftglocke verbreitet, allerdings bleibt diese an einem klar definierten Ort, den das Wild meist kennt und dessen Risiko es einschätzen kann. Rotwild nimmt den vertrauten Standort eines Hochsitzes meist als feste Größe im Revier wahr.

Bei der Pirsch hingegen ist der Jäger auf der gesamten Fläche unterwegs – häufig in Bereichen, in denen das Wild nicht mit menschlicher Präsenz rechnet. Damit steigt das Risiko, entdeckt zu werden, erheblich. Während Rehwild oft erst bei deutlicher Annäherung auf die menschliche Wittrung reagiert, zeigt Rotwild ein sensibleres Verhalten. Bereits auf Distanzen von über 300 Metern kann die menschliche Wittrung zu einem unverzüglichen Standortwechsel des Wildes führen.

Genau diese Kombination – hohe Sensibilität, weiträumige Wahrnehmung und ausgeprägtes Sozialverhalten – macht die Pirschjagd auf Rotwild so anspruchsvoll. Die Fehlerquote ist naturgemäß hoch, die Chance, bereits frühzeitig enttarnt zu werden, ebenso. Dennoch – oder gerade deshalb – hat die Pirschjagd auf Rotwild einen besonderen Reiz. Richtig ausgeführt, kann sie äußerst erfolgreich sein und ermöglicht eine Bejagung, die sich eng an den natürlichen Bewegungsmustern des Wildes orientiert. Im Folgenden wird daher der Jahreslauf des Rotwildes erläutert, ergänzt durch die jeweils optimalen Zeitfenster für eine erfolgreiche Pirsch.

Energiesparmodus

Januar und Februar sind in den Mittelgebirgen, die aktuellen Rotwildlebensräume, in die das Wild verdrängt wurde, meist gekennzeichnet durch Schnee und Kälte. Das Rotwild reduziert seine Aktivität in Abhängigkeit zur Schneehöhe.

Rotwild ist sehr aufmerksam und häufig in Gesellschaft unterwegs. Das macht die Pirsch sehr herausfordernd.

Die Energiebilanz für die Nahrungsaufnahme im Verhältnis zur dafür aufgewendeten Energie wäre in dieser Zeit negativ. Daher verfällt das Rotwild in eine Art Winterschlaf. Dabei werden die Temperaturen der Extremitäten, der Puls und der gesamte Kreislauf extrem heruntergefahren. Das Wild bewegt sich kaum noch und überdauert die Schneephase in einem Energiesparmodus. Rotwild ist in der Lage, seinen Energieverbrauch im Winter um bis zu 30 % zu reduzieren. Damit können sich die Tiere dem geringen Nahrungsangebot anpassen. Ruhe ist das höchste Gebot zu dieser Zeit und wir Jäger sollten dem Wild diese auch zukommen lassen und in solchen Winterschlafphasen das Rotwild nicht bejagen. Störungen führen zu extrem hohem Energieverbrauch und als Folge vermehrt zu Wintersterblichkeit und Schäden am Wald.

Setzzeit steht bevor

In den darauffolgenden Monaten nutzt Rotwild das nun sprießende Grün von Bäumen, Kräutern und Gräsern. Das Rotwild ist nun viele Stunden des Tages damit beschäftigt, Nahrung aufzunehmen. Dementsprechend häufig kommt das Wild in Anblick. Im März befinden sich die beschlagenen Alttiere etwa in der Mitte der Tragzeit, die 34 Wochen dauert. Der Fötus wiegt bereits rund drei Kilogramm. Im April beginnen die Geweihe der älteren Hirsche rasch zu wachsen. Auch die männlichen Tiere haben einen enormen Nahrungsbedarf, unter anderem für das Geweihwachstum. Einige junge Hirsche tragen ihr vorjähriges Geweih noch immer auf dem Haupt, der Abwurf steht jedoch unmittelbar bevor. Im Mai beginnen die hochträchtigen Hirschkühe die Jungtiere vom Vorjahr zu vertreiben. Diese bleiben aber in der weitläufigen Umgebung des Muttertiers. Gegen Monatsende werden in den traditionellen Setzrevieren die ersten bis zu acht Kilogramm schweren Kälber geboren. Das Setzen der Kälber zieht sich bis Mitte Juni. In diesem Zeitfenster lassen sich sehr gut und unauffällig Schmaltiere und Schmalspießer bejagen. Diese sind allein unterwegs, weil vom Alttier vertrieben und noch recht unerfahren sowie unvorsichtig. Zudem sind diese Kälber des Vorjahres noch sehr schnell und sicher zu erkennen. In diesem Zeitraum bietet es sich an, einen Großteil des Jungwildabschusses zu tätigen, ohne dabei allzu viel Jagddruck in der Restpopulation zu verursachen.

Frühsommer

Die erwachsenen Tiere verlieren im Juni das graue Winterhaar und tragen nun kurzes, rotes Sommerhaar. Das Geweih der älteren Hirsche ist nahezu ausgewachsenen und für die Geweihten beginnt die sogenannte Feistzeit. Das Geweih der älteren Hirsche beginnt zu verknöchern. Ab Mitte des Monats fegen die Hirsche den Bast an Bäumen und Sträuchern ab. Die weiblichen Tiere finden wieder zu Familienverbänden aus Muttertieren, Kälbern und einjährigen Stücken zusammen. Daher sollte nun auch die Jagd auf die jährigen Stücke unterbleiben, weil ein Abschuss nun stets vom Alttier bemerkt werden würde.

In den heißen Augustwochen suhlt sich Rotwild gern in Wasserlöchern und Tümpeln. Die ersten Hirsche verlassen die Feisthirschrudel und wandern mitunter viele Kilometer zu den traditionellen Brunftplätzen. Den einzeln ziehenden Abschusshirschen kann nun unsere jagdliche Aufmerksamkeit auf der Pirsch gelten, da deren Erlegung vom Kahlwild kaum registriert wird. Ab September beginnt die eindrucksvolle Brunft des Rotwildes. Durch die Wälder dröhnt das Röhren der Geweihten und die Platzhirsche verteidigen ihr Kahlwildrudel gegen Rivalen. Schwächere Hirsche werden durch Drohrituale abgeschreckt. Durch das Brunftgeschehen sind die Stücke zu dieser Zeit teils derart abgelenkt, dass wir Jäger uns häufig unbemerkt vom Wild im

Im September beginnt die Hochzeit der Hirschjäger – die eindrucksvolle Brunft beginnt.

Revier bewegen können. Die sonst sehr heimlichen reifen Hirsche stellen sich plötzlich in den Vordergrund und ihnen gilt nun das Augenmerk auf der Pirsch. Nicht selten kommt es vor, dass der Platzhirsch beschossen eine Todesflucht macht, während das Kahlwildrudel unbeeindruckt weiteräst – genauso wie wir uns eine möglichst wenig störende Jagd vorstellen.

Herbst beginnt

Die Brunft dauert teilweise, in den Hochlagen der Alpen, bis Mitte Oktober. Ausgewachsene Hirsche verlieren dabei bis zu 25 % ihres Körpergewichts. Nach der Brunft gehen die Aktivität und Sichtbarkeit der Hirsche deutlich zurück, wobei das Kahlwild weiterhin intensiv damit beschäftigt ist, die Energiereserven für den nahenden Winter aufzufüllen – die ideale Zeit, um einzeln ziehende Familienverbände von Alttier, Schmaltier und Kalb zu bejagen. Diese kleinen Trupps äsen im Spätherbst ausgiebig und wenn diese ausgemacht sind, kann der Jäger versuchen, eine günstige Situation abzupassen und im Idealfall alle drei Stücke zu erlegen.

Im November ist in vielen Gegenden mit dem ersten Schnee zu rechnen und das Rotwild versucht in tiefere Lagen abzuwandern. In zahlreichen Regionen ist dies nicht möglich, da menschliche Siedlungen den Raum in den Tälern eingenommen haben. Daher wird häufig versucht, das Rotwild über Fütterungen in den Hochlagen zu halten. Auch noch im November kann die Jagd auf Rotwild erfolgreich und wildbiologisch sinnvoll weiter erfolgen. Das Wild ist noch sehr aktiv und füllt nach wie vor die Speicher für den nahenden Winter auf.

Der Dezember läutet für das Rotwild eine ganz besondere Phase ein. Je kälter es wird, desto mehr schränkt das Wild seine Aktivitäten ein. Das Fassungsvermögen des Rotwildmagens hat sich um 60 % reduziert und sogar die restlichen Organe haben sich verkleinert. Die Bejagung des Rotwildes sollte in dieser sensiblen Jahreszeit nur noch sehr

Kleine Verbände von Alttier und Kalb oder Alt-, Schmaltier und Kalb sollten – sofern möglich – vollständig erlegt werden.

selektiv und dosiert erfolgen. Die Gefahr, dass durch zu viel Unruhe das Wild gestresst wird und damit die Wildschäden steigen, ist durchaus gegeben.

SCHWARZWILD IM JAHRESVERLAUF

Schwarzwild nimmt unter unseren Schalenwildarten eine Sonderrolle ein. Seine Herkunft aus den wärmeren Regionen Vorderasiens erklärt, warum es sich evolutionär bis heute nicht vollständig an strenge Winterkälte angepasst hat. Im Unterschied zu anderen Wildarten kann Schwarzwild nicht in einen echten Wintermodus umschalten, da es kein braunes Fettgewebe einlagern kann – jenes spezielle Fett, welches Tieren im Winterschlaf oder in Winterruhe als schnell verfügbare Energiequelle dient. Weißes Fett hingegen bietet zwar langanhaltende, aber nur langsam freisetzbare Energie. Für den abrupten Wechsel von einem Ruhe- in einen Aktivitätszustand ist diese Energieform nicht brauchbar. Folglich weist das Schwarzwild über das gesamte Jahr hinweg eine relativ konstante Aktivitätskurve auf. Dennoch gibt es Jahresabschnitte, die jagdlich besonders relevant sind und daher gesondert betrachtet werden sollten.

IDEALE ZEITEN FÜR DIE ROTWILDPIRSCH

- Mitte Mai bis Mitte Juni auf Schmaltiere und -spießer, wenn sie allein ziehen.
- Abschusshirsche ab August, wenn die Wanderung einsetzt.
- In der Brunft wird vor allem auf Hirsche gejagt.
- Ab Mitte Oktober stehen weibliches Rotwild und Kälber im Fokus.

Frischzeit

In der Zeit der Geburt der Frischlinge ist die Bache hochgradig störungsempfindlich. Rotten spalten sich kurzfristig auf, da die Bachen sich zurückziehen um zu frischen. Die ersten acht bis zehn Tage bleiben die Frischlinge im Kessel und die Bache macht

Schwarzwild ist im Unterschied zu einigen anderen Wildarten auch im Winter sehr aktiv.

nur kurze Ausflüge im Nahbereich des Wurfkessels. Daher sind in dieser Zeit einzeln ziehende, weibliche Sauen unbedingt zu schonen. Schnell wäre hier ein laktierendes Stück versehentlich erlegt. Daher ist in dieser Phase die Pirsch auch etwas heikel, aber wiederum auch sehr erfolgversprechend, weil die jüngeren Rottenmitglieder allein und meist etwas unvorsichtig umherstreifen. Erst wenn die Frischlinge so groß sind, dass sie mit der Rotte Anschluss halten können, finden die Rotten wieder zusammen und die Verbände sind gemeinsam unterwegs.

Im Spätwinter sowie zeitigen Frühjahr muss stets mit führenden Bachen gerechnet werden.

In der Rauschzeit durchstreifen Keiler große Gebiete, um rauschige Stücke zu finden.

Rauschzeit

Die Rauschzeit – je nach Region zwischen November und Januar – ist geprägt durch vermehrte Bewegungsaktivität der Schwarzkittel. Keiler durchstreifen große Gebiete, häufig auch bei bestem Licht, auf der Suche nach rauschigen Bachen. Für die Pirsch kann dies ein interessanter Zeitraum sein, weil Wechsel stark frequentiert und die Sauen durch das Rauschverhalten recht laut sind. Sie sind dadurch für uns Jäger leichter zu finden. Weiterhin nehmen sie zu dieser Zeit Geräusche von uns Jägern deutlich weniger wahr.

Baummast

In Mastjahren – insbesondere bei Buche oder Eiche – kommt es regelmäßig zu einer deutlichen Schwerpunktverlagerung der Schwarzwildaktivität in die jeweiligen Waldgebiete. Das reichhaltige Nahrungsangebot führt dazu, dass die Sauen kaum Anlass haben, weite Strecken zurückzulegen. Häufig sind sie dann fast ausschließlich in den Nacht- und Dämmerungsstunden aktiv. Für die Pirsch bedeutet dies, die Mastflächen im Wald gezielt und mit großer Vorsicht anzusteuern, da dort die höchsten Chancen bestehen, auf Schwarzwild zu treffen. Auch Agrarflächen sind aus Sicht des Schwarzwildes nichts anderes als großflächige Mastgebiete. In Jahren mit inten-

Zu Zeiten der Baummast sind Sauen häufig nur in den Dämmerungs- und Nachtstunden aktiv.

In den Sommermonaten werden Sauen von reifenden Getreideschlägen oder Maisäckern nahezu magisch angezogen.

sivem Feldfruchtangebot – beispielsweise Weizen, Gerste oder Raps – verlagert sich die Aktivität der Sauen häufig stark in die Feldflur. Dementsprechend sollten diese Flächen immer in die Pirschplanung einbezogen werden, wenn mit der Anwesenheit von Schwarzwild gerechnet werden kann. Besonders interessant für die Pirsch sind moderne, kurzstielige Getreidesorten. Durch ihre geringe Wuchshöhe erlauben sie es dem Jäger, Wildkörper oder Bewegungen im Feld überhaupt erst auszumachen – ein entscheidender Vorteil gegenüber Mais, in dem das Schwarzwild meist unsichtbar bleibt. Nicht ohne Grund hat sich für die Jagd im Getreide mittlerweile ein eigener Begriff etabliert: „Weizenschweine". Gemeint ist die Bejagung von Schwarzwild in Getreidebeständen, die gerade in die Milchreife übergehen und damit eine hochattraktive Nahrungsquelle darstellen. In dieser Phase halten sich Sauen oft tagsüber im Einstand auf, rücken jedoch bereits früh am Abend ins Getreide aus – ein idealer Zeitpunkt für die Pirsch, sofern der Wind stimmt und die Angehbarkeit gegeben ist. Unabhängig von diesen Jahresphasen ist bekannt, dass Schwarzwild über das Jahr hinweg einen beachtlichen Aktionsradius besitzt. Telemetrie-Studien zeigen, dass das Streifgebiet einer Rotte häufig einen Durchmesser von 15 bis 25 Kilometern aufweist. Diese großen Bewegungsradien spiegeln die Vielfalt des genutzten Lebensraums wider – ein Mosaik aus Feldflur, Waldinseln, Ruhe-

Schwarzwild nutzt in der Regel feste Wechsel – und das über Generationen.

IDEALE ZEITEN FÜR DIE SCHWARZWILDPIRSCH

- In der Setzzeit wird vor allem auf vagabundierende Überläufer gejagt. Besondere Vorsicht ist zu dieser Zeit bei weiblichen Stücken geboten!
- In der Rauschzeit gilt es vor allem Keilern, wobei in der Vollrausche die Verwertbarkeit fraglich ist.
- Zur Zeit der Milchreife sind Getreideschläge Hotspots für die Sauenpirsch.
- Während der Baummast liegt der Jagdschwerpunkt im Wald.
- Kommt es zu Schäden im Grünland, wird der jagdliche Schwerpunkt dorthin verlagert.

bereichen und attraktiven Nahrungsquellen. Entscheidend sind dabei für Sauen vor allem zwei Faktoren: Nahrung und ungestörte Einstände. Auch Wildschweine, die im urbanen Bereich leben, stellen keinen Widerspruch dazu dar – in Städten herrscht meist kaum Bejagungsdruck, was die notwendige Ruhe gewährleistet. Die Tiere passen ihr Verhalten an, solange sie ungestört ausreichend Nahrung finden.

Besonders wichtig für die Schwarzwildpirsch ist die Tatsache, dass Schwarzwild tradierte Wechsel bevorzugt nutzt. Rotten bleiben häufig über Generationen ihren Hauptwechseln treu. Daher lohnt es sich, diese Wechsel regelmäßig zu kontrollieren, um zu erkennen, ob sich Schwarzwild aktuell im Revier befindet. So lässt sich die Pirsch – etwa auf Rehwild – sinnvoll erweitern, indem der Jäger am Ende der Runde noch einen gezielten Schlenker an potenziellen Saueneinständen, Mastflächen oder Schadflächen einbaut. Auf diese Weise wird die Chance erhöht, auch Schwarzwild anzutreffen, ohne dafür separate, zusätzliche Pirschgänge einplanen zu müssen.

Auch Arten wie Dam-, Sika- oder Gamswild haben ihre eigenen, von den Jahreszeiten geprägten Verhaltensmuster.

DAS GESETZ DES ÖRTLICHEN

Auch wenn die beschriebenen Phasen und Jahresabschnitte grundsätzlich gelten, müssen regionale Unterschiede in zeitlichem Ablauf, Intensität und weitere Besonderheiten stets berücksichtigt werden. Deshalb ist es für uns Jäger unerlässlich, die Eigenheiten unserer Reviere zu kennen. Nur auf dieser Grundlage können wir die Pirsch effektiv und mit möglichst geringer Störung gestalten.

Ein solides wildbiologisches Grundverständnis gehört ebenso zu unserem Handwerkszeug. Nur wenn wir Verhalten, Gewohnheiten und Sozialstrukturen der vorkommenden Wildarten kennen, können wir sie mit vertretbarem Aufwand und zugleich wildbiologisch sinnvoll bejagen. Die grob skizzierten Jahreszyklen bilden dafür die Basis. Regionale und lokale Besonderheiten sind weitere Bausteine, die unser Wissen über die jeweilige Wildart ergänzen. Auch die weniger prominenten Arten wie Dam-, Sika- oder Gamswild haben spezifische Lebens- und Verhaltensweisen, die begriffen werden müssen. Neben guten Monografien liefern erfahrene Jäger aus der Region, oder sogar aus dem eigenen Revier, wertvolle zusätzliche Informationen.

Wie so oft im Leben gilt auch hier der Grundsatz: Man lernt nie aus. Wer sich diese Haltung bewahrt, registriert Veränderungen im Verhalten der Wildtiere und lernt daraus. So hat sich etwa das Schwarzwild bemerkenswert schnell an die Nutzung von Wärmebildtechnik angepasst. Früher wurden Kirrungen nahezu jede Nacht von Sauen aufgesucht, lediglich in hellen Vollmondnächten mieden sie diese Bereiche. Durch das heute umgebungslichtunabhängige Jagen zeigen die Sauen jedoch kaum noch Regelmäßigkeiten beim Besuch von Kirrungen – ein deutlicher Lerneffekt, der meiner Meinung nach auf den Einsatz moderner Wärmebildtechnik zurückzuführen ist.

PIRSCHJAGD IM JAHRESVERLAUF – FRÜHLING, SOMMER, HERBST, WINTER

Im Folgenden werden die vier Jahreszeiten und ihre jeweiligen Besonderheiten für die Pirschjagd ausführlich dargestellt.

FRÜHLING – SICHTBARKEIT, BEWEGUNG UND NEUBEGINN

Der Frühling markiert den Übergang von der Winterruhe in die Zeit des Wachstums und der Aktivität. Mit dem Ansteigen der Temperaturen beginnen alle Wildarten, ihre Bewegungsmuster zu verändern und mehr Energie in die Nahrungsaufnahme zu investieren. Dieser Umstand wirkt sich äußerst positiv auf die Pirsch aus.

Vegetation und Sichtverhältnisse

Die niedrige Vegetation ermöglicht frühes Erkennen von Wild. Gleichzeitig bietet junges, noch lückiges Grün hervorragende Deckung. Diese Kombination – gute Sicht bei gleichzeitig ausreichender Tarnung – macht die Frühlingspirsch besonders attraktiv. Da die Wälder noch relativ offen sind, lassen sich Bewegungen im Bestand gut verfolgen, und Wild kann oft auf größere Distanz erkannt und angesprochen werden.

Bodenverhältnisse und Lautlosigkeit

Der Boden ist im Frühjahr meist noch feucht. Dadurch entsteht weniger Trittschall, und auch trockenes Geäst ist noch weich. Leises, kontrolliertes Pirschen fällt somit deutlich leichter als im Sommer oder Herbst. Feuchte Wege sind tendenziell dunkler und bieten dadurch weniger Kontrast, was den Pirschenden weniger sichtbar macht.

Witterung als Erfolgsfaktor

Besonders erfolgreich sind Pirschgänge an wechselhaften Tagen. Nach kurzen Regen-

Hat sich der Regen gelegt, sind dies sehr erfolgversprechende Zeitpunkte für die Jagd.

schauern treten Rehe, Sauen und anderes Schalenwild oft rasch wieder auf Wiesen oder in halboffene Bereiche aus, um frische Kräuter oder austreibende Triebe aufzunehmen. Die Luft ist geklärt, Winde stabilisieren sich häufig, und die Geräuschkulisse wird leiser – ideale Bedingungen für die lautlose Annäherung!

SOMMER – HITZE, DECKUNG UND DICHTE VEGETATION

Der Sommer stellt hohe Ansprüche an den Pirschjäger. Er bringt dichtes Grün, unberechenbare Winde, intensivere Lichtverhältnisse und ein verändertes Aktivitätsmuster des Wildes mit sich.

Dichte Vegetation

Das üppige Sommerkleid des Waldes bietet dem Wild nahezu perfekte Deckung, schränkt jedoch die Sicht für den Jäger stark ein. Ansprechen wird schwieriger, und selbst Bewegungen im Bestand bleiben rasch verborgen. Das Schussfeld ist oft stark begrenzt, weshalb im Sommer besonders kontrollierte Beobachtung und bewusstes, langsames Voranschreiten erforderlich sind.

Aktivität in den Randzeiten

Hohe Temperaturen führen dazu, dass viele Wildarten die Tagesmitte meiden. Die Aktivität verlagert sich in die frühen Morgenstunden und in die späten Abendphasen. Für den Pirschjäger bedeutet dies frühes Aufbrechen oder spätes Rückkehren – und oft das Warten auf kurze Zeitfenster, in denen das Wild tatsächlich in Bewegung ist.

Trockene Böden erschweren die Pirsch

Auf ausgetrockneten Wegen kommt es zu Knacken, Rascheln oder Knirschen bei fast jedem Schritt. Selbst feine, trockene Blätter können in stiller Sommerluft für unnatürliche Geräusche sorgen. Daher sind Pirschgänge in dieser Jahreszeit oft kürzer und seltener erfolgreich, es sei denn, der Jäger weicht auf feuchte Senken, Bachläufe oder Schattenbereiche aus, die die Trockenheit etwas abmildern.

Ausnahme: Blattzeit

Während der Blattzeit zeigt der Rehbock ein stark territoriales und sehr aktives Verhalten. Locken gewinnt hier hohe Bedeutung und macht die Pirsch – selbst in der Mittagszeit – äußerst spannend. Die Hitze sollte dennoch berücksichtigt werden. An besonders heißen Tagen sind Böcke träge, in moderaten Sommerphasen hingegen sind sie oft sehr aktiv und gut mit dem Blatter anzulocken.

HERBST – SICHT, BRUNFT, MAST

Der Herbst gilt unter vielen Jägern als die Königszeit der Pirsch. Die Wälder werden lichter, das Wild ist aktiv, und wichtige biologische Ereignisse wie die Rotwildbrunft bestimmen das Verhalten maßgeblich.

Rotwild in der Brunft

Die Rothirsche sind akustisch und visuell sehr präsent. Ihr Röhren verrät Aufenthaltsorte, und das soziale Verhalten der Rudel erleichtert die Ansprache. Die Brunftplätze können, sofern sie störungsarm angegangen werden können, hervorragende Möglichkeiten bieten, Pirschwege zu planen und Bewegungsmuster zu verstehen.

Selbst bei hohen Temperaturen ist Rehwild in der Blattzeit aktiv.

Schwarzwild und Mastjahre

Im Herbst richtet Schwarzwild seine Aktivität auf Mastflächen aus. Bucheckern und Eicheln bieten immens energiereiche Nahrung, weshalb Sauen nun häufig und regelmäßig solche Bereiche aufsuchen. Der Pirschjäger kann dies nutzen, indem er in Mastjahren bevorzugt an solchen Flächen jagt und Wechsel beobachtet, die zu bestimmten Zeiten stark genutzt werden.

Lichter werdende Wälder

Mit dem fallenden Laub verbessern sich Sicht- und Lichtverhältnisse im Wald deutlich. Gleichzeitig stellt das raschelnde Laub eine Herausforderung dar: Jeder Schritt muss bewusst gesetzt werden. Ein Zuviel an Geräusch verrät den Jäger sofort, besonders an windstillen, kühlen Herbsttagen.

Pirschpfadwahl und -vorbereitung

Im Herbst hat die Wahl des Pirschweges besondere Bedeutung. Für einen ausgeklügelten Pirschpfad müssen Wind, Deckung und Bodenbeschaffenheit berücksichtigt werden. Teilweise kann es sinnvoll sein, Wege vorab leise zu räumen, also störende Äste, trockene Zweige und Laub zu beseitigen, um später leises Pirschen zu ermöglichen.

Mit fortschreitendem Laubfall im Herbst wird das Sichtfeld für den Pirschjäger besser.

WINTER

Der Winter bietet durch die kurzen Tageslichtfenster nur kurze Pirschmöglichkeiten. Dennoch können genau diese Pirschgänge besonders erfolgversprechend sein. Die Natur wirkt still, Bewegungen sind deutlicher wahrnehmbar, und das Wild zeigt oft klare Tagesrhythmen – vor allem bei Schnee und Kälte.

Schnee als Informationsquelle

Schnee wirkt gleich mehrfach jagdlich wertvoll:

- Er zeigt frische Fährten und deren Richtung.
- Der Jäger kann Häufigkeit der Wildbewegung direkt ablesen.
- Wild hebt sich optisch gut vom Untergrund ab.
- Pirschgeräusche werden durch den Schnee gedämpft.

Somit erzählt uns Schnee sehr viel über die Wildaktivitäten und wir können enorm viel aus diesen Informationen lernen. Allerdings hat nahezu jede Schneeelage den Nachteil, dass ein lautloses Pirschen unmöglich ist. Nur eine ganz dünne Schicht frischen Pulverschnees bietet dem Pirschjäger die Möglichkeit, sich leise fortzubewegen. Bei allen anderen Schneeformen ist das Pirschen teils extrem laut, Pirschen ist dann unmöglich. Daher wechsle ich je nach Schneelage und Situation die Jagdform komplett und gehe dann zur Ansitzjagd über, bis sich die Pirschbedingungen wieder verbessert haben.
Bei Frost kann jeder Schritt laut knacken und das Wild auf große Distanz warnen. In solchen Situationen empfiehlt sich eine Strategie aus mehr stehen als gehen:

- Häufige Beobachtungsphasen.
- Extrem langsame Annäherung.
- Nur bis zur notwendigen Schussdistanz vorrücken.

Alternative Wege

Befinden sich asphaltierte Wege im Revier, können sie im Winter ein Segen sein. Sie ermöglichen lautloses Gehen, selbst wenn es im Wald knackt und knirscht. Von diesen Wegen aus kann der Jäger in seitliche Bestände einblicken oder an offenen Flächen entlangpirschen. Winterpirsch ist selten

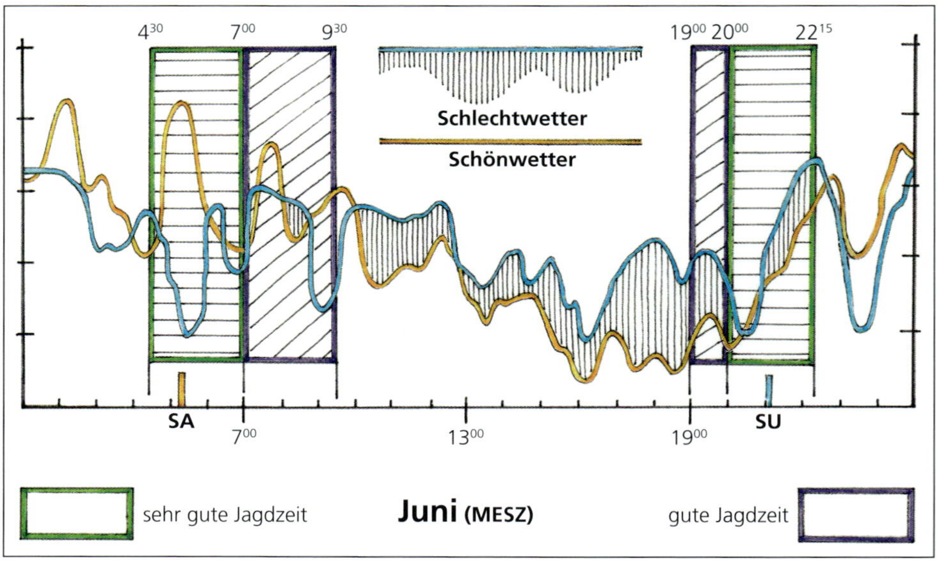

Die Güte des jeweiligen Jagdfensters hängt sowohl von der Uhrzeit als auch vom Wetter ab.

Aufgrund der kurzen Tageslichtphasen bleiben für die Pirsch im Winter nur kurze Zeitfenster.

ein stundenlanges Unterfangen. Kälte und kurze Tageslichtphasen begrenzen die Zeit im Revier. Dennoch kann die Erfolgsquote sehr hoch sein, wenn sich der Jäger diszipliniert, langsam und hochkonzentriert bewegt. Eine Grafik, der wissenschaftliche Untersuchungen aus den Achtzigerjahren zugrunde liegen (noch ohne Wärmebildtechnik), zeigt gleich zwei markante Fakten:

1. Die Wildbeobachtung bei der Pirsch ist im Vergleich zum Ansitz regelmäßig deutlich höher.
2. Die Wildsichtbarkeit nimmt im Laufe des Jahres ständig ab, obwohl die Individuenzahl im Frühling geringer ist als im Sommer. Ausnahme ist die Pirsch im Herbst und Winter, dort steigt die Wildbeobachtung wieder deutlich an.

Die gezeigten Informationen der Grafik decken sich mit meiner langjährigen Praxis. Der teilweise höhere Jagderfolg im Herbst und Winter ist sicherlich der Tatsache geschuldet, dass dort in der Regel alle Wildarten und Altersklassen Jagdzeit haben, wohingegen im Frühling und Sommer die Mutter- und Jungtiere noch Schonzeit genießen.

FAZIT

- Ideale Bedingungen für eine erfolgreiche Pirsch bieten vor allem der Frühling und Herbst. Die Sommermonate sind von den Wetterbedingungen meist angenehm für die Pirsch, allerdings aus genannten Gründen nicht sehr beuteträchtig. Der Winter kann, wenn er nicht zu kalt und schneereich ausfällt, sehr erfolgversprechend sein, jedoch begrenzt die kurze Tageslichtlänge automatisch die Jagdzeit und somit auch den Erfolg. Aus meiner Praxis würde ich die Streckenergebnisse wie folgt aufteilen
- 25 % Frühling
- 10 % Sommer
- 40 % Herbst
- 25 % Winter

TAGESZEIT

Die Tageszeit stellt einen der entscheidenden Faktoren für die erfolgversprechende Pirsch dar. Grundsätzlich gelten die Morgen- und Abendstunden als besonders aussichtsreich, da die Aktivitätsmuster des Wildes eng mit den natürlichen Lichtwechseln verknüpft sind und sich in den meisten Regionen auf die Dämmerungsphasen konzentrieren.

REHWILD IM RYTHMUS

Ein exemplarisches Schaubild zur durchschnittlichen Tagesaktivität des Rehwildes aus dem Monat Juni verdeutlicht diesen Zusammenhang. Rehwild als Konzentratselektierer weist aufgrund seines vergleichsweise kleinen Pansens einen ausgeprägt regelmäßigen Äsungsrhythmus auf. Etwa alle zwei bis drei Stunden wird Nahrung aufgenommen, dazwischen ruht das Stück und widmet sich dem Wiederkäuen. Trotz dieser regelmäßigen Äsungsintervalle liegt der Aktivitätsschwerpunkt klar in den beiden Dämmerungsphasen des Tages. Für die Pirsch sind diese beiden Tagesabschnitte entsprechend die mit den höchsten Erfolgschancen. Auch wenn die Aktivitätskuren in den anderen Monaten abseits des Junis etwas verändert sind, bleibt jedoch das Grundschema in unterschiedlicher Ausprägung wie im Jahresverlauf beschrieben. Die gesamten Äsungsaktivitätskurven wurden von ELLENBERG 1972 im Gatter Stammham ermittelt und von Wulf-Eberhard Müller zu einem Rehwildkalender zusammengetragen. Auch wenn schon über 50 Jahre alt, lohnt es sich doch, diese Kurven gelegentlich zu studieren und mit der Beobachtung und dem Jagderfolg im eigenen Revier abzugleichen.

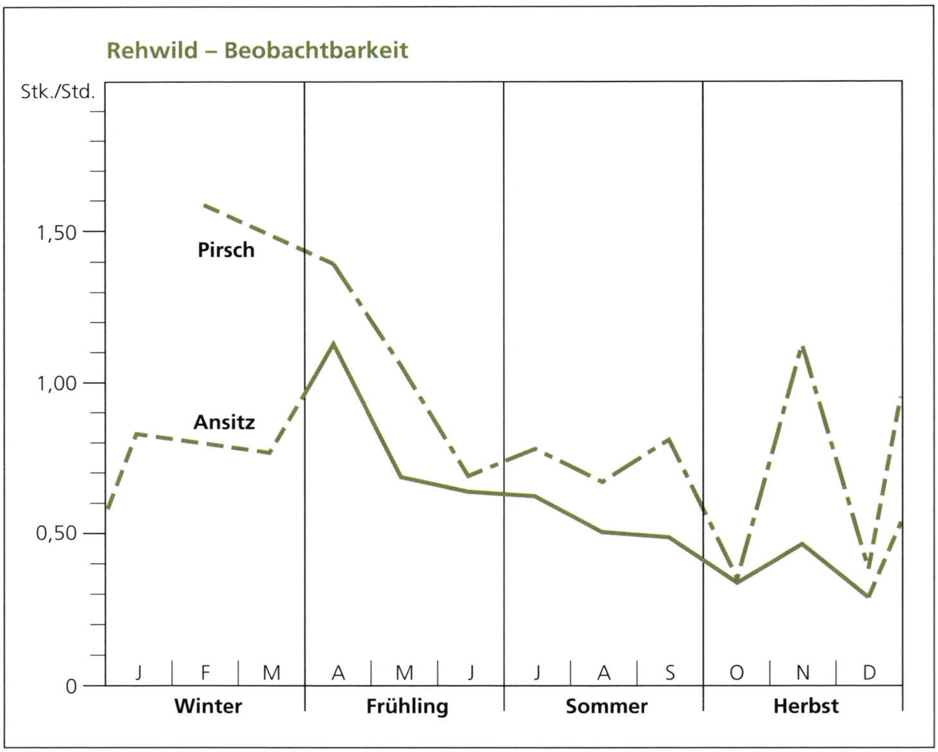

Insbesondere im Herbst und Winter ist die Pirschjagd auf Rehwild besonders erfolgversprechend.

Alle weiteren Schalenwildarten verfügen ebenso über charakteristische Aktivitäts- und Ruhephasen, die sich in Abhängigkeit von Anatomie, Stoffwechsel und Lebensraumnutzung unterscheiden. Beim Rotwild etwa sind die Ruhezeiten deutlich ausgeprägter, was primär auf das größere Pansenvolumen zurückzuführen ist. Dieses erfordert längere Perioden der Nahrungsaufnahme, um den Pansen zu füllen, sowie ausgedehntere Wiederkäuphasen. Ob sich diese Abläufe überwiegend am Tag, während der Dämmerung oder in ausgeprägtem Maße in der Nacht vollziehen, variiert stark zwischen Regionen und ist maßgeblich vom Jagddruck beziehungsweise vom Managementregime abhängig.

MORGENPIRSCH

Für die Pirsch ist der Tagesbeginn prädestiniert. Das Wild hat ein sehr hohes Aktivitätslevel und füllt den Pansen vor dem beginnenden Tag mit zunehmenden Störungen noch einmal in aller Ruhe auf. Anschließend wechselt es dann meist recht entspannt und weniger aufmerksam in seinen Tageseinstand. Zudem sind thermische Winde in den frühen Stunden stabiler und berechenbarer für uns Jäger. Die aufsteigende Feuchtigkeit dämpft Geräusche – ideale Voraussetzungen für eine möglichst stille Annäherung. Ein weiterer Vorteil der Morgenpirsch ist der beginnende Tag. Die Suche nach dem Anschuss, die Wildbergung und mögliche Tod- oder Nachsuchen können bei Tageslicht und ohne Zeitdruck vorgenommen werden. Solange die Sonnenstrahlen noch nicht in die Fläche scheinen, sind mit der Wärmebildkamera Wärmesignaturen der Tiere noch ohne Störungen und weitere Wärmeflecken schnell und einfach zu detektieren. Sobald jedoch Vegetation und Landschaftselemente durch Sonneneinstrahlung aufgewärmt sind, wird die Identifikation relevanter Wärmequellen deutlich erschwert. Aus diesem Grund ist bei wolkenlosem Himmel der Morgen der einzig sinnvolle Tagesabschnitt, um das Wärmebildhandgerät effektiv einzusetzen. An sonnigen Morgen beginne ich die Pirsch im Osthang und wechsle nach Sonnenaufgang in den Westhang, um dort noch mehr Zeit zu haben, bis die Sonne auch dort die Flächen erwärmt.

Bei der Morgenpirsch jagt der Jäger in den Tag hinein. Anschusskontrolle, ggf. Nachsuche und Bergen geschehen deshalb bei Tageslicht.

ABENDPIRSCH

In der Abenddämmerung steigt die Aktivität des Wildes erneut deutlich an. Da die Nahrungsaufnahme während des Tages aufgrund eines erhöhten Sicherheitsbedürfnisses oftmals eingeschränkt ist, wird sie nun verstärkt nachgeholt. Das Wild tritt vermehrt aus der Deckung auf offene Äsungsflächen. Mit dem rasch abnehmenden Büchsenlicht wächst jedoch der Zeitdruck, da ein sicheres Ansprechen und Erlegen nur noch für begrenzte Zeit möglich ist.
Die anschließenden Arbeiten – Anschusskontrolle, Nachsuche, Bergung und Versorgung – erfolgen in der Regel bei Dunkelheit und sind deutlich anspruchsvoller als bei

Ganz anders bei der Abendpirsch. Eventuelle Nachsuchen müssen dann am nächsten Morgen erfolgen.

Vielen Jägern ist gar nicht bewusst, dass Wild häufig auch in den Mittagsstunden aktiv ist

Tageslicht. Hinzu kommt, dass die Abendpirsch an Tagen mit langer Sonneneinstrahlung erschwert ist. Zum einen stößt die Wärmebildtechnik an ihre Grenzen, da aufgeheizte Landschaftselemente zahlreiche Störquellen erzeugen. Zum anderen dauern menschliche Aktivitäten bei gutem Wetter länger an, sodass das Wild später seine aktive Phase beginnt. Daher bevorzuge ich für die Abendpirsch weniger frequentierte Revierteile oder wähle Tage mit geringerer Sonneneinstrahlung, um das Wild möglichst früh und bei vertretbaren Lichtverhältnissen ansprechen und erlegen zu können.
In Revieren mit Schwarzwildvorkommen besteht nach einer erfolglosen Abendpirsch die Möglichkeit, ohne Unterbrechung auf Schwarzwild weiter zu pirschen. Hierzu ist gegebenenfalls eine Anpassung des Equipments erforderlich, beispielsweise durch das Anbringen von Vorsatz- oder Nachsatzgeräten. Vor allem im Sommer, wenn die Tage sehr lang sind, wird Schwarzwild häufig bereits in der frühen Dämmerung aktiv, da es zu diesem Zeitpunkt auf Nahrungssuche geht.

MITTAGSPIRSCH

Die Pirsch zur Mittagszeit gilt häufig als wenig erfolgversprechend, da vielfach angenommen wird, die meisten heimischen Wildarten würden in diesem Zeitraum ihre Aktivität deutlich reduzieren. Tatsächlich zeigen insbesondere Wiederkäuer in der Mittagsphase eine gut erkennbare zweite Aktivitätszunahme. Dies lässt sich exemplarisch an der Tagesaktivitätskurve des Rehwildes ablesen (siehe Grafik auf Seite 32). Nach der intensiveren Äsungsphase am frühen Morgen sowie der daran anschließenden Ruhe- und Wiederkäuperiode steigt die Aktivität gegen Mittag erneut an, wenngleich die Nahrungsaufnahme weniger ausgeprägt ist als in den Dämmerungsstunden.
Aufgrund dieser moderaten Äsungsintensität verbleibt das Wild meist im Nahbereich des Tageseinstandes. Es schlendert dort entlang von Rändern, Lichtungen, Übergängen und deckungsreichen Strukturen und nimmt in unmittelbarer Umgebung Nahrung auf. Die Pirsch in solchen deckungsreichen Bereichen – insbesondere an Rändern, kleinen Schneisen oder Übergängen – ist

daher deutlich vielversprechender als die Suche an großen, offenen Äsungsflächen. Bei bestimmten Bedingungen kann die Mittagspirsch überraschend erfolgreich sein. Dies gilt insbesondere für kühle Frühlingstage oder während der Blattzeit, wenn Rehböcke auch zur Mittagszeit aktiv sind. Selbst Schwarzwild zeigt an bedeckten Tagen oder während der langen Sommertage gelegentlich Aktivität im direkten Umfeld des Tageseinstandes. An bewölkten oder regnerischen Tagen verteilt sich die Aktivität vieler Wildarten insgesamt gleichmäßiger über den Tag, wodurch die Mittagsstunden jagdlich sehr interessant werden.
Immer wieder werden in dieser Zeit reife Rehböcke erlegt. Offenbar sind diese Böcke während ihrer Reviermarkierungen und der Mittagsäsung so stark mit ihrer Routine beschäftigt, dass sie etwas unaufmerksamer agieren. Im jagdlichen Sprachgebrauch hat sich hierfür mancherorts die Bezeichnung Altherrenbock etabliert – eine Reminiszenz daran, dass insbesondere Jäger mit größerer zeitlicher Flexibilität, beispielsweise Ruheständler, diese starken Böcke häufig in den Mittagsstunden erbeuten.

Der Jagderfolg bei der Nachtpirsch hängt zu einem Großteil von der passenden Ausrüstung ab.

NACHTPIRSCH

Nächtliche Pirschgänge – vor allem auf Schwarzwild, gelegentlich auch auf Raubwild – setzen entweder ausreichende natürliche Lichtverhältnisse durch Mondschein oder leistungsfähige Nachtsicht- bzw. Wärmebildtechnik voraus. Auch hier sind zwingend die gesetzlichen Rahmenbedingungen des jeweiligen Bundeslandes oder Jagdreviers zu beachten, insbesondere hinsichtlich der zulässigen Nutzung optoelektronischer Geräte. Darüber hinaus ist hervorragende Revierkenntnis unerlässlich. Entfernungen, Geländeprofil und Kugelfangbereiche müssen bei Nacht absolut sicher beurteilt werden können. Die besondere Komplexität der nächtlichen Pirsch, unter Berücksichtigung von benötigter Technik, Taktik und Sicherheitsaspekten, ist umfassend im Buch „Nachtjagd auf Sauen“ dargestellt.
Zusammenfassend gilt: Für eine sichere und erfolgreiche Nachtpirsch sind Selbstdisziplin, präzise Kenntnisse des Reviers sowie eine technisch einwandfreie, korrekt montierte Ausrüstung unverzichtbare Voraussetzungen. Eine sorgfältige Vorbereitung und zurückhaltende, kontrollierte Jagdweise sind dabei entscheidend für Erfolg und Sicherheit.

WETTERBEDINGUNGEN

Wetter beeinflusst sowohl das Verhalten des Wildes als auch die jagdlichen Möglichkeiten während der Pirsch erheblich. Einerseits bestimmt es das Raum- und Zeitverhalten der Wildarten wesentlich, denn Aktivitätsmuster, Wechselnutzung, Einstandswahl und Äsungsrhythmen verändern sich je nach Temperatur, Niederschlag, Bewölkung und Windverhältnissen. Andererseits hängt auch der Erfolg der Pirsch unmittelbar von den herrschenden Wetterbedingungen ab. Nicht allein die Detektierbarkeit des Wildes spielt hierbei eine Rolle, etwa durch Sonneneinstrahlung, die die Wärmebildtechnik stark einschränkt. Von zentraler Bedeutung sind zudem Windrichtung und -konstanz, welche maßgeblich über Witterung und damit über Annäherungsmöglichkeiten entscheiden. Ebenso beeinflusst die Feuchtigkeit des Bodens die Geräuschentwicklung und damit die Geräuschentwicklung bei der Pirsch. Trockene, harte Böden erschweren eine unbemerkte Annäherung, während feuchte oder leicht aufgeweichte Untergründe die Pirsch erheblich begünstigen.
In Summe gilt: Das Wetter bestimmt sowohl das Verhalten des Wildes als auch die Erfolgsaussichten des Pirschgangs – und damit den jagdlichen Erfolg – in grundlegender Weise.

WIND

Der Wind ist einer der entscheidenden Faktoren bei der Pirschjagd. Gegen den Wind, also mit sicherem Wind im Gesicht, lässt sich Wild nahezu lautlos und unbemerkt anpirschen. Seitenwind erfordert vorsichtiges Taktieren, während Rückenwind die Pirsch nahezu unmöglich macht. Darum gilt es immer darauf zu achten, wie die Windsituation ist. Je mehr sich der Jäger an das Wild annähern will, umso entscheidender ist der Wind. Auch die Windstärke spielt eine Rolle. Leichter Wind maskiert Geräusche, starker Wind hingegen macht Wild unruhig und schwer berechenbar. Zusätzlich ist bei starkem Wind immer wieder mit starken Scherwinden und Gegenbewegungen des Windstroms zu rechnen. Die idealen Windbedingungen zur Pirsch sind konstante sowie leichte bis mittlere Windgeschwindigkeiten, denn diese sind am ehesten kalkulierbar. Auch Windstille ist für die Pirsch ein guter Zustand, dabei sind aber dann die thermischen Windbewegungen zu berücksichtigen.
Ein alter Jägerlehrspruch lautet: „Wenn der Wind jagt, bleibt der Jäger zu Hause." Dieser Satz hat im Allgemeinen seine Gültigkeit und nur in wenigen Situationen, beispielsweise im Lee, kann man bei starkem Wind auch Jagderfolg verzeichnen.

NIEDERSCHLAG

Regenwetter ist für die Pirschjagd nahezu ideal. Das Wild fühlt sich sicherer, zeigt längere Aktivitätsphasen und ist insgesamt weniger aufmerksam. Gleichzeitig dämpfen Feuchtigkeit und nasse Wege die eigenen Geräusche erheblich. Nach kurzen Schauern sind Wechsel und Äsungsflächen häufig besonders stark frequentiert. Bei stärkerem Regen ist oft zu beobachten, dass sich das Wild in dichten, jedoch unterwuchsarmen Beständen aufhält. Vermutlich werden diese Bereiche bevorzugt, um den Niederschlag etwas abzumildern und nicht in tropfnasser Vegetation stehen oder liegen zu müssen. Grundsätzlich ist bei Regen mit deutlich weniger menschlichen Störungen zu rechnen, da die meisten Personen schlechtes Wetter meiden. Der Jäger ist in dieser Situation häufig nahezu allein in der Natur. Auch wenn das Pirschen bei Niederschlag nicht besonders komfortabel ist, erweist es sich in der Praxis meist als sehr erfolgreich. Es lohnt sich daher, auch vermeintlich schlechtes Wetter gezielt zu nutzen. Dabei ist jedoch zu beachten, dass sich das Wild bei Regen oftmals an anderen Standorten auf-

Leichter Nieselregen bietet ideale Voraussetzungen für die Pirschjagd.

Nieselwetter oder leichter Regen sind ideal für eine erfolgreiche Pirschjagd. Heftige Schauer oder Platzregen sind erfahrungsgemäß eher bei der Schwarzwildpirsch aussichtsreich. Bei der Jagd auf Wiederkäuer sind die Phasen nach den starken Niederschlägen sehr erfolgsversprechende Zeiträume.

hält als bei trockenen Witterungsbedingungen. Die Ausrüstung sollte für die Regenpirsch entsprechend angepasst werden. Die Geräuschentwicklung der Kleidung spielt bei Niederschlag eine untergeordnete Rolle, da der Regen Umgebungsgeräusche weitgehend überdeckt. Umso wichtiger sind wasserdichte Bekleidung sowie ein zuverlässiger Schutz der Optik vor Nässe. Ein Optikputztuch ist bei der Pirsch im Regen daher ein unverzichtbares Ausrüstungsdetail. Besonders geeignet für die Pirschjagd ist leichter Nieselregen. Er ist angenehmer auszuhalten, weniger belastend für die Ausrüstung, dämpft Geräusche effektiv und sorgt dafür, dass das Wild lange aktiv bleibt. Zudem lässt sich Wild unter diesen Bedingungen mit dem Wärmebildgerät in der Regel sehr gut detektieren.

TROCKENHEIT

Anhaltende Trockenheit erschwert die Pirsch erheblich, da trockene Böden, Laub und Vegetation leises Pirschen nahezu unmöglich machen. Schritte sind weithin hörbar, und das Wild reagiert in der Regel äußerst sensibel auf Annäherungsversuche. Zudem konzentrieren sich die Wildbewegungen verstärkt auf wassernahe Bereiche, schattige Einstände sowie kühlere Waldstrukturen. In längeren Trockenphasen verlagert sich die Aktivität des Wildes häufig in die Nachtstunden, insbesondere dann, wenn die Vegetation durch Tau benetzt ist. Infolgedessen ist die Aktivität am frühen Morgen oftmals höher als in den

Bei ausgeprägter Trockenheit ist von einer Pirschjagd eher abzusehen. Ist der Boden jedoch am Morgen durch Tau angefeuchtet, kann die Pirsch unter diesen Bedingungen sehr erfolgversprechend sein.

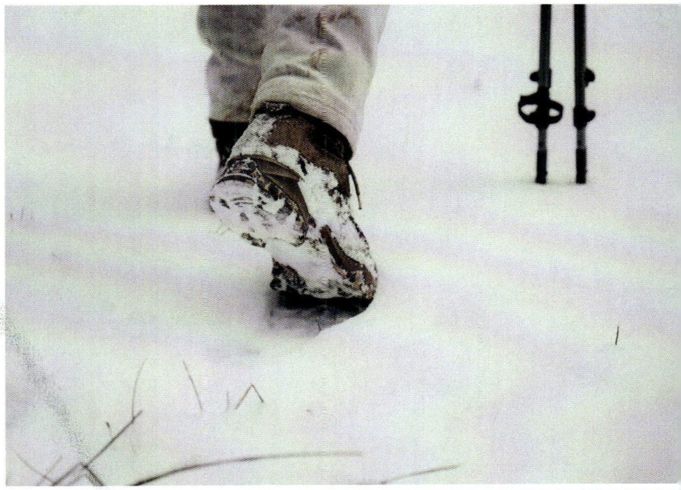

Nur frisch gefallener Schnee ermöglicht dem Jäger eine leise Annährung ans Wild.

Abendstunden. Das Pirschen bei Trockenheit ist insgesamt sehr anspruchsvoll. Um möglichst lautlos voranzukommen, müssen konsequent geräuscharme Untergründe wie Gras, Sand oder asphaltierte Wege genutzt werden.

SCHNEE

Schnee kann die Pirsch sowohl erleichtern als auch erschweren. Frischer, feuchter Schnee dämpft Trittgeräusche stark und ermöglicht eine sehr leise Annäherung. Gleichzeitig verbessert er die Sichtbarkeit des Wildes erheblich und erlaubt ein gutes Lesen von Fährten und Bewegungsmustern. Harter, gefrorener oder verwehter Schnee hingegen ist extrem laut und macht ein lautloses Pirschen nahezu unmöglich. Zudem erhöht Schnee die Lichtverhältnisse, was die Tarnung für den Jäger deutlich erschwert.

Vor dem weißen Hintergrund der eingeschneiten Landschaft sind Bewegungen fürs Wild sehr gut sichtbar. Tarnung ist dann Pflicht.

Bei Frost auf auf angelegte Pirschwege umschwenken oder zur Ansitzjagd übergehen.

FROST

Frost zählt zu den anspruchsvollsten Bedingungen für die Pirschjagd. Der gefrorene Boden, Reif auf Vegetation sowie brechende Eisstrukturen verursachen laute, unkontrollierbare Geräusche. Das Wild ist unter diesen Bedingungen häufig sehr aufmerksam und beunruhigt. Erfolgreiches Pirschen ist dann vor allem auf geräuscharmen Flächen wie Moos, Nadelstreu oder frischen Schneedecken möglich. Alternativ empfiehlt es sich, die Pirsch auf sonnige Tagesabschnitte zu verlegen, wenn der Frost nachlässt und der Boden etwas weicher wird.

TEMPERATUR

Bei hohen Temperaturen verlagern sich die Aktivitätsphasen des Wildes deutlich in die Randzeiten der Dämmerung und in die Nacht. Kühle Temperaturen fördern hingegen die Bewegung, insbesondere bei Reh- und Schwarzwild. Frost stellt für die Pirsch eine besondere Herausforderung dar, da der gefrorene Boden sehr laut ist. Bei Minusgraden sollte daher bevorzugt auf geräuschdämpfende Untergründe wie Moosflächen, Wurzelteller oder frische Pirschgänge nach Schneefall ausgewichen werden.

SICHTVERHÄLTNISSE

Nebel kann sowohl eine Chance als auch ein Risiko darstellen. Er ermöglicht eine sehr nahe Annäherung ans Wild, schränkt jedoch die Sicht sowie die sichere Ansprache erheblich ein. Klare, trockene Luft hingegen

Leichter Nebel kann dem Pirschjäger Vorteile bringen.

Wolkenfreie, trockene Tage erschweren die Jagd für den Pirschjäger hingegen.

REVIERWISSEN IST WICHTIG

Revierkenntnisse sind das A und O für eine erfolgreiche Pirschjagd. Dabei sind folgende Fragestellungen von zentraler Bedeutung:

1. Wo ist vermehrt mit Wild zu rechnen?
2. Wo habe ich Sichtfeld, Schussfeld und Kugelfang?
3. Wie sind die lokalen Windverhältnisse?
4. Wie ist das typische Raum-/Zeitverhalten des Wildes im Revier?

Ein erfolgreiches Pirschen beruht nicht allein auf technischem Können oder guter Ausrüstung. Vielmehr ist es die Kombination aus wildbiologischem Wissen, Kenntnis der örtlichen Gegebenheiten und der Fähigkeit, sich lautlos und mit größter Aufmerksamkeit durch die Natur zu bewegen. Die Pirschjagd ist eine der ursprünglichsten und zugleich anspruchsvollsten Jagdarten. Sie erfordert ein hohes Maß an Beobachtungsgabe, Erfahrung, Geduld und ein tiefes Verständnis für die ökologische Dynamik des Reviers. Kaum eine andere Jagdart ist derart abhängig von jahreszeitlichen Veränderungen in Vegetation, Witterung, Lichtverhältnissen und Wildverhalten wie die Pirsch. Wer die saisonalen Besonderheiten kennt und seine Strategie an sie anpasst, kann die Chancen im Revier deutlich steigern – und zugleich Störungen der Wildtiere auf ein Minimum reduzieren.

Auf der Pirsch sollte der Jäger stets sein gesamtes Umfeld im Blick behalten.

sorgt für eine harte Schallübertragung: Geräusche tragen deutlich weiter, weshalb extrem langsam, kontrolliert und aufmerksam gepirscht werden muss. Bei grellem Sonnenlicht verschlechtern sich die eigenen Tarnmöglichkeiten erheblich. Bewegungen werden schneller vom Wild wahrgenommen, und Kontraste wirken schärfer. Das Wild ist unter diesen Bedingungen häufig wachsamer, weshalb Deckung konsequent genutzt und Bewegungen minimiert werden sollten. Scharfe Kontraste erschweren das Entdecken des Wildes zusätzlich. Neben der eingeschränkten Sicht beeinflusst Nebel auch die Orientierung. Entfernungen lassen sich schwer einschätzen, und das Ansprechen erfordert besondere Sorgfalt. Gleichzeitig dämpft Nebel Geräusche und Bewegungen, was bei entsprechendem Können eine erfolgreiche Annäherung ermöglichen kann. Die hohe Luftfeuchtigkeit wirkt gleichzeitig wie ein Schalldämpfer – die Ausbreitung der Schallwellen ist merklich reduziert. Zudem ist der Einsatz von Wärmebildtechnik kaum möglich, weil die Wildtiere im Prinzip nicht detektierbar sind. Scharfe Kontraste erschweren das Entdecken des Wildes mit bloßem Auge zusätzlich. Gleichzeitig dämpft Nebel Geräusche und Bewegungen, was bei entsprechendem Können eine erfolgreiche Annäherung ermöglichen kann.

Die Pirsch ist bei regnerischem Wetter meist erfolgreicher, als bei Sonnenschein. Wild ist länger aktiv, Störungen durch andere Personen sind seltener, Geräusche sind gedämpfter und die Detektion des Wildes ist einfacher. Daher denke ich immer an das berühmte Zitat von Karl Valentin über Regen: „Ich freue mich, wenn es regnet, denn wenn ich mich nicht freue, regnet es auch.“ Also freue ich mich über Regen und gehe erfolgreich pirschen!

Leichter Nebel erleichtert die Annäherung an Wild und ist nahezu ideal. Grelles Licht hingegen erschwert das Detektieren und die scharfen Kontraste verraten den Jäger sehr schnell. Darum sollten schattige Bereiche zur Pirsch bei sonnigem Wetter genutzt werden.

Nebel kann dem Pirschjäger das Annähern ans Wild deutlich erleichtern.

Bei der Annäherung an Wild möglichst horizontale Bewegungen vermeiden, daher, wenn keine Deckung vorhanden ist, das Wild in gerader Linie angehen. Seitliche Bewegungen werden, aufgrund der Sehleistung des Wildes, sofort registriert. Der Pirschjäger sollte sich immer wieder umdrehen, um alle Richtungen im Blick zu behalten. Je strukturreicher das Gelände ist, desto häufiger müssen diese Kontrollblicke erfolgen. In Bereichen mit dichter Vegetation, Geländekanten oder Senken können sich Stücke unbemerkt bis auf kurze Distanz nähern und plötzlich im Rücken des Jägers in den Sichtbereich geraten.

„Slow is smooth, smooth is fast“ – dieser Leitspruch, der aus dem militärischen Bereich stammt, gilt ebenso für die moderne Pirschjagd. Eine Aufgabe langsam und methodisch auszuführen, führt zu einer gleichmäßigen und präzisen Ausführung. Durch die Vermeidung von Fehlern und Hektik wird die gesamte Aufgabe letztlich schneller erledigt.

AUSRÜSTUNG

ALLES, WAS DER PIRSCHJÄGER BRAUCHT

Die Pirschjagd kann sehr puristisch, nur mit Waffe und vielleicht noch einem Zielstock, ausgeübt werden.

Will der Jäger aber effektiv und erfolgreich jagen, Strecke machen und gleichzeitig die Störung des Wildes minimieren, ist eine optimierte Ausrüstung nötig.

KEINE ZWÄNGE, NUR OPTIONEN

Einige der nachfolgend genannten Ausrüstungsgegenstände sind althergebracht, andere wiederum kristallisierten sich in meiner langjährigen Praxis als äußerst wertvoll heraus. Je nach Revier und Situation kann das aufgeführte Equipment sinnvoll sein – oder auch nicht. Die Ausrüstungsübersicht betrachten Sie am besten unter dem Gesichtspunkt: Es gibt keine Zwänge, nur Optionen.

WAFFE

Richtig eingeschossen ist die Waffe die Grundvoraussetzung für eine waidgerechte, zeitgemäße Jagdausübung. Wie diese eingeschossen wird, erfahren sie ab Seite 141 im Kapitel 5. Bei der Frage, welche Waffe für die Pirsch passt, gehen die Meinungen auseinander. Das wichtigste Kriterium dabei ist aber sicherlich die Handhabung. Der Schütze muss mit der Waffe, welche er zur Pirsch mitnimmt, bestens vertraut sein und diese routiniert bedienen können. Da jede unnötige Bewegung den Jagderfolg verhindern kann, muss der Schütze die Waffe ohne weitere Kontrollblicke bedienen können. Eine einfache, geräuschlose Handhabung, mit wenigen fließenden Bewegungen sollte dabei das Ziel sein.

Je nach persönlichen Anforderungen legt jeder Jäger weitere individuelle Kriterien an die Wahl der Pirschwaffe an. Manche legen großen Wert auf geringes Gewicht und wählen eine schlanke Kipplaufbüchse, andere wollen möglichst große Flexibilität und führen einen Drilling. Mehrheitlich haben sich allerdings Repetierbüchsen bei der Pirsch als Standard durchgesetzt. Hat diese eine Magazinkapazität von drei bis fünf Schuss, eine Lauflänge von rund 50 Zentimeter, ein Mündungsgewinde für einen Schalldämpfer und eine verstellbare Schaftbacke, sind auch schon die wesentlichen Punkte genannt, die ein geeigneter Repetierer haben sollte. Selbstverständlich könnten noch viele weitere Details genannt werden, diese sind allerdings meist individuelle Lösungen und nicht zwingend erforderlich. Vor allem bei der Wahl und Konfiguration der Waffe gilt das Motto: „Wer trifft, hat recht".

Kaliber

Wohl kaum ein Thema wird unter Jägern intensiver diskutiert, als die Frage nach dem besten Kaliber. Aber auch hier gibt es nicht grundsätzlich Richtig oder Falsch, vielmehr

Repetierbüchsen in unterschiedlichen Ausführungen sind ideal für den Pirschjäger.

würde ich da eine Einteilung nach geeignet und weniger geeignet vornehmen. Idealerweise sollte das Kaliber für alle im Revier vorkommenden Wildarten geeignet sein. Das bedeutet, wenn mit Hochwild zu rechnen ist und dieses auch auf der Pirsch bejagt werden soll, sollte der Jäger ein hochwildtaugliches Kaliber führen. Hier gilt es natürlich die gesetzlichen Anforderungen zu beachten. Diese decken sich leider nicht immer mit denen aus der Jagdpraxis. Beispielhaft möchte ich hierzu das bewährte Kaliber .243 Winchester nennen. Mit der Dimension von 6,17 × 51 mm entspricht diese Patrone beinahe den Abmessungen der klassischen .308 Winchester (7,62 × 51 mm). In Deutschland darf die .243 Win. jedoch nur für die Jagd auf Raub- und Rehwild verwendet werden, da der vorgeschriebene Geschossdurchmesser für Hochwild von 6,5 mm nicht erreicht ist. In Österreich jedoch wird dieses Kaliber mit guten Ergebnissen und hoher Zufriedenheit auch bei der Rotwildjagd auf größere Distanzen eingesetzt. Daran kann man erkennen, dass der Leitspruch „Treffen ist das beste Kaliber" einen hohen Wahrheitsgehalt hat.

Aus diesen Gründen gebe ich bei der Frage nach dem idealen Kaliber keine abschließende Antwort. Vielmehr nenne ich folgende Kriterien, die beachtet werden sollten. Sind alle Punkte erfüllt, hat der Schütze sein ideales Kaliber gefunden.

1. Das Kaliber sollte zu den Gegebenheiten des Reviers passen. Wird überwiegend auf kurze Distanz oder regelmäßig auch auf über 200 Meter geschossen? Dementsprechend sollte dann auch das Kaliber gewählt werden. Sind beispielsweise eher weite Schüsse zu erwarten, haben sich Laborierungen bewährt, die eine flache ballistische Flugkurve aufweisen und deren GEE an die 200 Meter heranreicht.
2. Das Kaliber sollte zur hauptsächlich zu bejagenden Wildart passen. Neben den gesetzlichen Vorgaben sind hier die Tötungswirkung und Wildbretzerstörung die wichtigsten Kriterien. Wobei bei den zwei letzten Punkten auch die Wahl des Geschosses und der Ladung eine wesentliche Rolle spielen kann.
3. Der Schütze sollte sein Kaliber beherrschen und damit gern schießen. Dabei

Kaliberdiskussionen sind unter Jägern gang und gäbe. Welches gewählt wird, hängt von den Voraussetzungen im jeweiligen Revier ab.

denke ich vor allem ans Rückstoßmanagement. Ist der Rückschlag der Waffe für den Schützen zu stark, besteht die Gefahr des Muckens. Zusätzlich, weil der Schuss als unangenehm empfunden wird, werden Übungseinheiten zur Qual und eher umgangen. Die Folge ist ein wenig geübter Schütze mit einer Tendenz zum Mucken. Mit Schalldämpfer, Mündungsbremse, veränderter Treibladung oder Schaftgewicht kann da zwar gegengesteuert werden. Bei Wahl des richtigen Kalibers sind diese Hilfsmaßnahmen jedoch nicht notwendig.

4. Für das gewählte Kaliber sollte eine breite Munitionspalette zur Verfügung stehen. Vor allem ist es wünschenswert, dass preiswerte Übungsmunition für das jeweilige Kaliber erhältlich ist, damit das Training nicht zu einer kostspieligen Angelegenheit wird. Es zeigt sich, dass für weniger verbreitete Kaliber die Versorgung mit Munition nicht immer gewährleistet oder sehr kostspielig ist.

Nach Berücksichtigung der genannten Kriterien ergeben sich eine ganze Reihe von passenden Kalibern. Dazu gehören sicher bewährte Klassiker wie die 7 × 64, 7 × 57, .308 Win., .30-06, 8 × 57; aber auch neuere Kaliber wie die 6,5 Credmoor, 6,5 PRC oder 7 PRC haben sich mittlerweile als sehr gut geeignete Kaliber erwiesen. Alle haben einen recht breiten Einsatzbereich und können für Reh- bis hin zu Rotwild eingesetzt werden. Die GEE ist bei sämtlichen genannten Optionen bei über 160 Metern bis hin zu fast 200 Metern bei PRC. Sollten die Anforderungen ans Kaliber aber zu konträr sein, zum Beispiel Schwarzwildpirsch in Kombination mit Gamsjagd in den Bergen, ist es sicherlich sinnvoll, mit zwei unterschiedlichen Kalibern zu arbeiten – entweder mit einem Wechsellaufsystem, um Schaft und Zieloptik weiter nutzen zu können, oder einfach mit zwei unterschiedlichen Waffen.

Geschoss & Munition

Hat der Jäger das für ihn ideale Kaliber gefunden, stellt sich anschließend immer auch die Frage nach dem idealen Geschoss beziehungsweise nach der idealen Munition. Dass die Frage nach Kaliber und Munition nie getrennt voneinander beantwortet werden kann, versteht sich eigentlich von selbst. Über die Wahl des Geschosses und der dazugehörigen Laborierung kann viel nachjustiert werden, was vermeintlich bei der Kaliberfrage schon entschieden wurde. So lässt sich die GEE, die Wirkung auf kurze oder weite Distanz wie auch der Rückschlag mit der Munitionswahl beeinflussen. Erfahrene Wiederlader können da selbstverständlich noch deutlich mehr aus den einzelnen Kalibern herauskitzeln, als dies Fabrikmunition schon kann.

Das beinahe schon leidige Thema bleihaltig vs. bleifrei möchte ich hier nicht weiter besprechen. Die Diskussion dauert nun schon annähernd 20 Jahre an. Durch die gesetzlichen Vorgaben in vielen Ländern ist die Diskussion ohnehin müßig. Tatsächlich haben sich bleifreie Geschosse in moderner Konstruktion bewährt und sind ebenso leistungsfähig wie die bleihaltigen Varianten. Viele negative Geschichten über bleifreie Geschosse gehören zudem in den Bereich der Märchenstunde.

Zentrale Anforderungen an die gewählte Munition sind:

1. Schnelle Tötungswirkung
2. Geringe Wildbretzerstörung
3. Schnelle, hohe Energieabgabe
4. Ausschuss produzieren
5. Zuverlässige Wirkung auf kurze und lange Distanz
6. Zuverlässige Wirkung auf schwaches sowie starkes Wild
7. Präzision aus allen Waffen
8. Preisgünstig
9. Gute Verfügbarkeit

An den unterschiedlichen Anforderungen können wir sehen, dass ein Geschoss und dessen Wirkung immer einen Kompromiss darstellen wird. Ganz plakativ gesprochen kann ein Geschoss nicht schnell töten und möglichst wenig zerstören. Auch zeigt sich, dass die Geschosswirkung je nach Kaliber variiert und sogar bei gleichem Kaliber mit unterschiedlichen Lauflängen divergierende Ergebnisse liefern kann.

Aus diesem Grund kann zur Geschossfrage keine grundsätzliche Empfehlung ausgesprochen werden. Meine Geschosswahl erfolgt nach folgenden Kriterien:

1. Präzision aus meiner Waffe.
2. Schnelles Ansprechverhalten des Geschosses im Ziel, damit vor allem Rehwild schnell getötet wird.
3. Große temporäre Wundhöhle, damit das zentrale Nervensystem durch die Druckwelle ausgeschaltet und das Tier betäubt wird.
4. Massestabil, damit keine Splitter vom Geschoss ins Wildbret oder Umland gelangen.

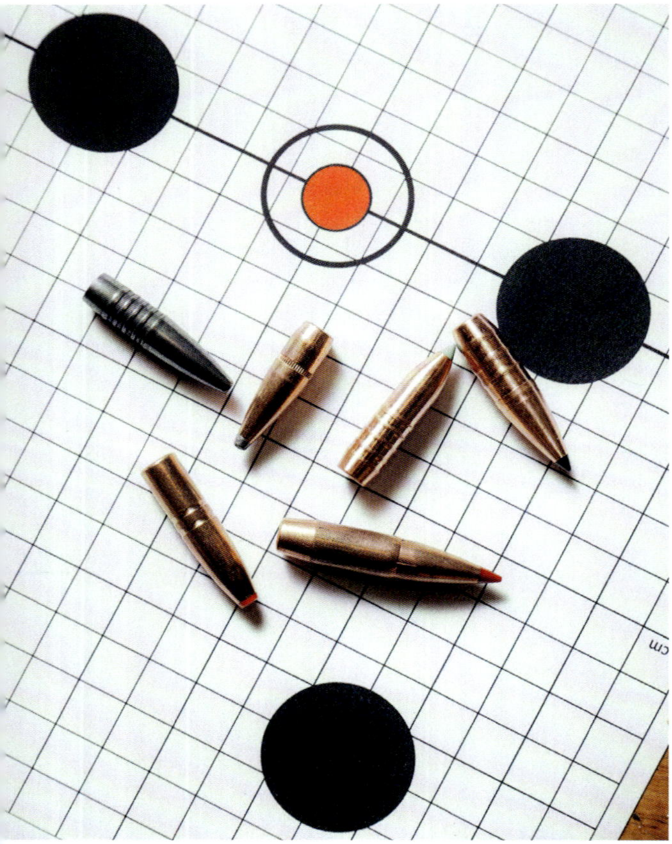

Moderne, bleifreie Geschosse sind von ihrer Leistung mittlerweile vergleichbar mit bleihaltigen Geschossen.

In den vergangenen Jahren verwendete ich mit vollster Zufriedenheit vor allem Geschosse von Hornady (CX, ECX, ELD-X), Hasler (Ariete, Bull) oder Norma (Ecostrike). Andere Geschosse, mit denen ich weniger als 50 Stück erlegt habe, möchte ich nicht empfehlen, weil meiner Meinung nach bei weniger als 50 Abschüssen keine repräsentative und verlässliche Aussage getroffen werden kann. Wenn man bedenkt, dass der deutsche Durchschnittsjäger pro Jahr weniger als fünf Stück Schalenwild erlegt, sollten sich viele Jäger mit Empfehlungen zurückhalten, denn eine statistisch halbwegs abgesicherte Aussage könnten die meisten davon erst nach über zehn Jahren abgeben (DJV-Jahresstatistik 2024: 460.771 Jagdscheininhaber, Schalenwildstrecke; 4,4 Stücke pro Jäger).

Neben Empfehlungen von praxiserfahrenen Jägern bieten Jagdmedien häufig Tests von Geschoss- und Kalibervarianten. Auch die Hersteller selbst bieten mittlerweile vielfältige Informationen bis hin zu Zeitlupenaufnahmen von Gelatine- oder Seifenbeschüssen, um die zielballistischen Eigenschaften der Geschosse zu zeigen.

In der Regel führe ich bei meinen Pirschgängen zusätzlich zum gefüllten Magazin der Waffe fünf Schuss extra mit. Diese Reservemunition ist in einem kleinen Filzpatronentäschchen verstaut.

Schalldämpfer

Seitdem die Verwendung von Schalldämpfern auf der Jagd erlaubt ist, möchte ich dieses wertvolle Equipment nicht mehr missen. Neben den gesundheitlichen Aspekten, als wirksamer Schutz des Gehörs, reduzieren

BLEIFREIE MUNITION

1. Achten Sie beim Geschosswechsel darauf, dass das Material des Mantels jeweils identisch ist. So ergeben sich die wenigsten Umstellungsschwierigkeiten, weil die Grundierung des Laufes sich nicht verändert.
2. Wechseln Sie das Mantelmaterial, sind eine chemische Laufreinigung und anschließend einige Setzschüsse zu empfehlen.
3. Nicht jeder Lauf verdaut jedes Geschoss gleich gut. Dies hat zur Folge, dass es gewisse Unverträglichkeiten gibt und manche Lauf-/Geschosskombinationen nicht harmonieren. Das kann verschiedene Ursachen haben (Materialhärte, Gasdruck, Dralllänge).
4. Aufgrund der höheren Härte der alternativen Materialien gegenüber Blei sind höhere Geschossgeschwindigkeiten für eine verlässliche und konstante Geschossdeformation erforderlich. Daher sind gegenüber den bleihaltigen Vertretern bei den bleifreien Varianten leichtere Geschosse mit höheren Geschwindigkeiten erforderlich.

Die gewählte Munition muss immer aus der eigenen Waffe probegeschossen werden.

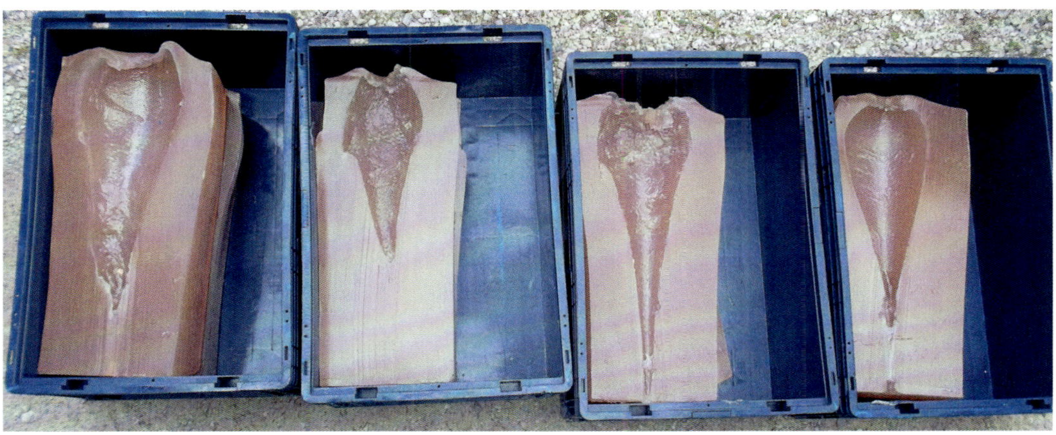

Mittels Seifen- oder Gelatinebeschüssen kann die Wirkung eines Geschosses visualisiert werden.

die Dämpfer den Rückschlag der Waffe um mindestens 30 Prozent und unterbinden das Mündungsfeuer fast vollständig. Der reduzierte Schallpegel, in aller Regel um etwa 30 Dezibel, und der wesentlich geringere Rückstoß wirken der Tendenz zum Mucken deutlich entgegen, weil das Unterbewusstsein des Schützen nicht auf das unangenehme Ereignis wartet. Auch eliminiert der Schalldämpfer das Hochschlagen der Waffe im Schuss fast vollständig. In Verbindung mit dem nicht mehr vorhandenen Mündungsfeuer bleibt der Jäger im Schuss deutlich sicherer im Ziel und kann das Zeichnen und gegebenenfalls die Flucht des Tiers auch in der Dämmerung sicher erkennen.

Zur Tarnung können Schalldämpfer mit einer Hülle oder Klebeband ummantelt werden.

In Verbindung mit einer Mündungsbremse, die on top verbaut wird, lassen sich auch großkalibrige Waffen „butterweich" wie Kleinkalibergewehre schießen. Der Markt bietet eine große Bandbreite an Schalldämpfertypen. Variationen in Größe, meist proportional zur Dämmleistung, Material und selbstverständlich damit auch Preis, sind erhältlich.

Schalldämpfer können nach verwendetem Material hinsichtlich ihrer Eigenschaften unterschieden werden:

1. Aluminium: leichte, preiswerte Dämpfer, kein Dauerfeuer möglich, korrosionsempfindlich.
2. Carbon: sehr leichte Dämpfer, hochpreisig, kein Dauerfeuer möglich, korrosionsempfindlich.
3. Edelstahl: schwere Dämpfer, hochpreisig, keine Korrosion, vor allem für automatische Waffen gebaut.
4. Titan: hochpreisig, im Prinzip unzerstörbar, für Dauerfeuer geeignet.

Neben dem Material unterscheiden sich Schalldämpfer auch je nach Positionierung am Lauf. Ursprünglich wurden die Dämpfer meist in der Onbarrel-Variante gebaut. Diese erhöht die Gesamtlänge der Waffe um die Länge des Dämpfers. Sinnvoll ist ein Onbarrel-Dämpfer bei Stutzen oder Waffen mit vorhandener offener Visierung. Diese Dämpfertypen haben aufgrund des großen Volumens meist auch die höchste Dämmleistung.

Die üblichste Variante unter Schalldämpfern ist der Overbarrel-Dämpfer. Dieser Dämpfertyp ragt, wie der Name schon sagt, über den Lauf. In der Regel zwischen 10 bis 15 Zentimeter des Dämpfers ragen vom Gewinde an der Laufmündung nach hinten über den Lauf in Richtung Schaft. Dadurch wird die Gesamtlänge der Waffe mit Dämpfer reduziert. Das Handling der Waffe wird auch etwas leichter, im Vergleich zu Waffen, bei denen der Dämpfer erst nach vorn ab der Laufmündung beginnt.

Moderne Schalldämpfer sind mittlerweile in verschiedenen Bauweisen auf dem Markt erhältlich.

Als Weiterentwicklung bieten einige Waffenhersteller nun auch Integral-Schalldämpfer an. Diese umschließen den gesamten Lauf der Waffe. Die Waffenverlängerung ist vergleichbar wie beim Overbarrel-Dämpfer. Da das zusätzliche Gewicht des Dämpfers noch näher beim Schützen sitzt, ist das Handling der Waffe am wenigsten eingeschränkt. Allerdings ist die Dämmleistung nicht ganz so hoch wie bei den beiden vorigen Varianten. Zusätzlich ist hier auch noch ein separater Schaft notwendig.

1. Nehmen Sie den Schalldämpfer nach der Jagd immer von der Waffe ab (Kondenswasser führt ansonsten zu Korrosion in Dämpfer und Waffe).
2. Trocknen Sie den Dämpfer immer nach der Jagd (beispielsweise auf einem preiswerten USB-Computerlüfter).
3. Versehen Sie zum Schutz und gegen Hitzeflimmern den Schalldämpfer mit einer Hülle.

Nach der Jagd sollten den Dämpfer getrocknet werden. Dazu kann ein einfacher Lüfter genutzt werden.

Montage und Zieloptik

Aufgabe der Zielfernrohrmontage ist eine feste Verbindung zwischen Waffensystem und Zieloptik. Ob eine Fest- oder Wechselmontage gewählt wird, hängt von den eigenen Anforderungen ab. Wenn die Zieloptik nicht gewechselt werden soll, reicht meist eine Festmontage aus.

Diese ist weniger fehleranfällig und zudem günstiger. Wird eine abnehmbare Montage gewählt, sollte diese absolut wiederholgenau und spannungsfrei sein, um Treffpunktverlagerungen nach dem erneuten Aufsetzen zu vermeiden. Bewährt haben sich vor allem das Sattelmontagesystem von Blaser, das universelle Dentlersystem oder die EAW-Schwenkmontage. Zahlreiche Hersteller nutzen unterdessen das Picatinny-System. Dieses kommt aus dem militärischen Bereich, ist NATO-genormt, und bietet neben der wiederholgenauen Zielfernrohrmontage eine enorme Variabilität und ist zudem extrem preisgünstig. Alle genannten Montagelösungen bieten den Vorteil, dass sie jeder Jäger, mit einem gewissen Grad an handwerklichen Kenntnissen, selbst montieren kann. Bedenkt man allerdings, dass laut einer Studie der DEVA (Deutsche Versuchs- und Prüfanstalt für Jagd- und Sportwaffen) festgestellt wurde, dass bei unpräzisen Waffen in 70 Prozent der Fälle die Montage der technische Fehlergrund war, sollte man im Zweifel doch lieber den Büchsenmacher mit dem Montieren des Zielfernrohrs beauftragen.

Die Zielfernrohrmontage muss gewährleisten, dass das Glas wiederholgenau auf der Waffe positioniert werden kann.

Zielfernrohr für die Pirschjagd

Die Anforderungen sind dabei ebenso vielfältig wie die jagdlichen Situationen selbst. Je nach Einsatzbereich unterscheiden sich die Ansprüche an Vergrößerung, Objektivdurchmesser, Absehen, Baugröße und Transmission deutlich. Grundsätzlich lassen sich die folgenden drei Einsatzfelder unterscheiden.

Nachtpirsch auf Schwarz- oder Raubwild

Bei der Nachtpirsch stand lange Jahre die Lichtstärke im Vordergrund. Ein Zielfernrohr für den nächtlichen Einsatz sollte eine große Austrittspupille, hohe Transmission und eine feine, dimmbare Absehenbeleuchtung bieten. Durch veränderte gesetzliche Grundlagen sind mittlerweile Nachtsicht- und Wärmebildtechnik als Anbaugerät oder in manchen Ländern auch reine Nachtsicht- bzw. Wärmebildzielfernrohre für den jagdlichen Einsatz erlaubt. Daher hat sich das Anforderungsprofil der Zieloptik für die Nachtpirsch deutlich verändert und entspricht mehr oder weniger dem eines Zielfernrohres für die Tagpirsch für kurze bis mittlere Schussdistanz.

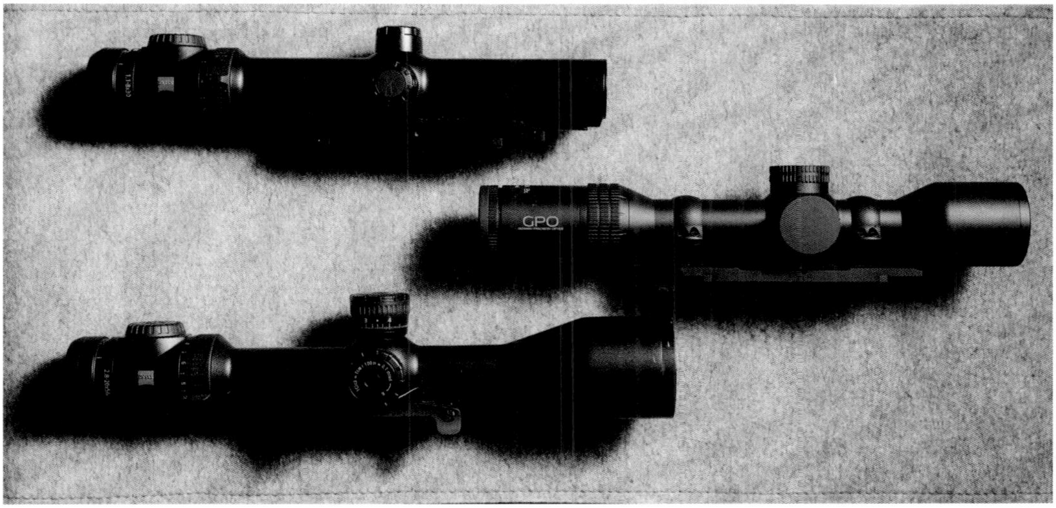

Die Wahl des Zielfernrohrs hängt unter anderem von erwarteter Schussdistanz und Lichtverhältnissen ab.

Folgende Eigenschaften sind dabei beim Zielfernrohr wichtig:
- Objektivdurchmesser: 40–50 mm
- Vergrößerung: 2–10fach
- Fein dimmbares Leuchtabsehen
- Breiter Parallaxenausgleich
- Verstärktes Gehäuse im Objektivbereich für Nachtsicht- oder Wärmebildvorsatzgeräte
- Extra kurze Bauform

Tagpirsch mit kurzen bis mittleren Schussdistanzen

Bei der Tagpirsch wird gern auf unnötiges Gewicht verzichtet – das Zielfernrohr sollte daher kompakt, leicht und führig sein. Ein großes Sehfeld ermöglicht das schnelle Erfassen des Wildes, während eine moderate Maximalvergrößerung für präzise Schüsse auf mittlere Distanzen ausreicht. Die Transmission und Lichtstärke spielen eine untergeordnete Rolle.
Folgende Eigenschaften sind dabei beim Zielfernrohr wichtig:
- Objektivdurchmesser: 30–40 mm
- Vergrößerung: ca. 1–8fach oder 2–12fach
- Weites Sehfeld (25 Meter auf 100 Meter)
- Niedriges Gewicht
- Tageslichtleuchtpunkt

Tagpirsch mit mittleren bis weiten Schussdistanzen

Wer häufig auf weite Distanzen jagt – etwa im Gebirge, auf Feldern oder auf größeren Kulturflächen im Wald –, benötigt ein Zielfernrohr mit hoher optischer Schärfe und präziser Höhenverstellung. Eine höhere Maximalvergrößerung hilft beim sicheren Ansprechen und präzisen Schuss, auch jenseits der 200 Meter. Ist das Zielfernrohr entsprechend leistungsstark, kann der Jäger beispielsweise bei der Gamsjagd sogar auf ein Spektiv zum Ansprechen verzichten, weil das auch mit dem Zielfernrohr möglich ist.
Folgende Eigenschaften sind dabei beim Zielfernrohr wichtig:
- Vergrößerung: ca. 3–18fach, 4–20fach oder 5–25fach
- Hochwertige Optik mit großer Auflösung
- Parallaxenausgleich ab ca. 50 m
- Feines Absehen mit dimmbarem Leuchtpunkt
- Ballistisches Absehen oder ASV (Absehenschnellverstellung)

Das ideale Zielfernrohr für die Pirschjagd stellt meist eine Kompromisslösung dar, was nicht unbedingt ein Nachteil sein muss.

Ganz im Gegenteil, da der Einsatzbereich selten scharf abgegrenzt werden kann, ist beispielsweise ein breiter Vergrößerungsbereich, ein dimmbarer Leuchtpunkt und ein Parallaxenausgleich für alle Jagdsituationen von Vorteil. Bei der Wahl des Absehens bieten die Hersteller häufig mehrere Optionen an. Kaum noch Anwendung findet das Absehen 1, weil es durch die Verwendung von Leuchtpunkttechnik ausgedient hat. Großer Beliebtheit erfreut sich daher das sehr zweckmäßige Absehen 4 in verschiedenen Varianten, teils mit ballistischen Hilfspunkten. Jäger mit militärischem Hintergrund verwenden auch sehr gerne ballistische Absehen. Wie beim gesamten Handwerkszeug ist es vor allem bei der Optik wichtig, dass der Schütze diese kennt, damit vertraut ist und er nicht durch Striche oder Balken von der Zielerfassung abgelenkt wird.

Keine Kompromisse sollten allerdings bei der Mechanik der Zieloptik eingegangen werden. Die Vergrößerungsverstellung sollte weich und ruckfrei zu bedienen sein und die Absehenverstellung, das Herzstück jeder Zieloptik, muss absolut verlässlich und zuverlässig funktionieren. Wer hier Toleranzen akzeptiert, geht das Risiko eines unpräzisen Treffers ein. Wie Sie die Präzision der Absehenverstellung kontrollieren können, erfahren Sie auf Seite 134 im Kapitel 5.

Vorsatzgeräte vergrößern die Länge des Zielfernrohrs in Richtung Laufmündung.

Nachtsicht-/Wärmebildvorsatz

Wenn es die gesetzlichen Rahmenbedingungen erlauben, steht dem Jäger mittlerweile eine breite Palette an Möglichkeiten für das Sehen in der Nacht zur Verfügung. Je nach Jagd- und Waffengesetz ist die Jagd auf Schwarz-, Raub- oder auch wiederkäuendes Schalenwild mit technischen Hilfsmitteln erlaubt. Beachten Sie unbedingt die geltenden Regelungen, die auch immer wieder durch Novellierungen verändert werden! Über Vorteil und Nachteil der verschiedenen Techniken wurde bereits viel berichtet, daher nachfolgend nur eine Zusammenfassung der Eigenschaften und Risiken.

Vorsatzgeräte:

1. Werden mittels Adapter vor das Objektiv geschraubt.
2. Der Adapter stellt Belastung für den Zielfernrohrkorpus und ggf. das Objektiv dar.
3. Unsauber montierte Adapter können zur Treffpunktverlagerung führen.
4. Geräte vor der Zieloptik können die optischen Achsen verändern und müssen in der Regel eingeschossen werden.
5. Wärmebild und Restlichtverstärker sind als Vorsatzgeräte möglich.

Nachsatzgeräte:

1. Nur als Restlichtverstärker, also Nachtsichtgerät möglich.
2. Verändern die optischen Achsen nicht – kein Einschießen erforderlich.
3. Veränderter Anschlag, weil Augenabstand deutlich weiter/geringer ist.

Wärmebildtechnik:

1. Gut erkennbare Tiersilhouette.
2. Hindernisse in Flugbahn nicht immer deutlich erkennbar oder sie werden bewusst vernachlässigt.
3. Gerätespezifische Vergrößerungen führen häufig zu einer Unterschätzung der tatsächlichen Entfernung, wodurch oft Schüsse auf sehr weite Distanzen abgegeben werden.
4. Automatische Videoaufzeichnung des Schusses bringt oft wichtige Hinweise bzgl. Treffer und Flucht.

Nachtsichttechnik:

1. Wird meist in Verbindung mit IR-Aufheller angewendet.
2. Hindernisse können sehr gut erkannt werden.
3. Maximale Reichweite 100–150 Meter, daher keine Weitschüsse möglich.
4. Zielerfassung deutlich schwerer als mit Wärmebildvorsatz.

Nachtzielgeräte:

1. Gesetzlich überwiegend streng reguliert.
2. Zieloptik mit Nachtsicht- oder Wärmebildtechnik integriert.
3. Montage vergleichbar mit einem normalen Zielfernrohr.
4. Problem der Montage des Adapters am Zielfernrohr fällt weg.
5. Keine Verlängerung der Optik durch Nach- bzw. Vorsatzgerät.
6. Geringeres Gewicht insgesamt.

Mit Wärmebildgeräten lässt sich Wild besonders schnell finden.

Nachtsichtgeräte liefern ein realeres Bild. Vegetation ist damit deutlich besser sichtbar als mit Wärmebildgeräten.

Gewehrriemen

Der Gewehrriemen gehört zur Grundausstattung bei der Pirsch. Er sorgt nicht nur fürs bequeme Tragen, sondern kann beim Anschlag auch als Stabilisierung dienen, wobei die Hauptaufgabe des Gewehrgurtes das ermüdungsfreie Tragen des Gewehrs ist. Zusammen mit Zieloptik und Schalldämpfer wiegt eine Waffe zwischen vier und sechs Kilogramm, je nach Waffenmodell und Optik. Bei einer Pirsch von ein bis zwei Stunden kann das Gewicht sehr schnell zu einer unangenehmen Belastung und Ermüdung führen. Daher ist ein gutsitzender, rutschsicherer Gewehrgurt unerlässlich bei dieser Jagdform. Bewährt haben sich Gurte, die eine Neoprenunterlage haben und auf

Zusätzlich zum Gewehrriemen, der über die Schulter getragen wird, kann ein Zusatzriemen über der Brust getragen werden.

der Oberseite Cordura oder anderes Material wie beispielsweise Loden.
Getragen wird das Gewehr entweder über eine Schulter, womit ein sehr rascher Zugriff zur Waffe möglich ist. Bei längeren Pirschgängen kann das Gewehr auch quer über der Schulter getragen werden, was eine gleichmäßigere Verteilung der Last bedeutet. Allerdings dauert das Anschlagen des Gewehrs bei dieser Trageart länger. Eine ergonomische Alternative bilden Rucksackgewehrgurte. Damit ist das Tragen am angenehmsten und mittels Steckverschluss ist die Waffe auch schnell von der Position am Rücken in den Anschlag gebracht.
Alternativ kann ein Ergänzungsriemen für den Gewehrgurt genutzt werden. Dieser wird am Pistolengriff des Schaftes auf der einen Seite und am Gewehrgurt auf der anderen Seite befestigt. Der Gurt verläuft dann, wenn die Waffe geschultert getragen wird, vorne über die Brust des Jägers. Somit wird die Waffe auf dem Rücken stabilisiert, schaukelt nicht beim Gehen herum und rutscht auch weniger schnell von der Schulter. Besonders beim Anschleichen in gebückter Haltung bleibt die Waffe fest auf dem Rücken bzw. der Schulter. Geöffnet wird der Zusatzriemen mittels Steckverschluss und somit ist die Waffe sehr schnell zugriffsbereit.
Die aus dem militärischen Bereich bekannte Trageart der Waffe, quer vorne an der Brust,

FOLGENDE EIGENSCHAFTEN SOLLTE EIN GEWEHRGURT FÜR DIE PIRSCH HABEN:

1. Geräuscharm, keine klappernden Schnallen oder Beschläge.
2. Schnell in der Länge anpassbar, um verschiedene Tragevarianten zu ermöglichen und ggf. zur Stabilisierung des Anschlags nutzbar zu sein.
3. Zusatzriemen unterstützt das rutsch- und wackelfreie Tragen.
4. Rutschsicher, damit der Gewehrgurt während der Bewegung nicht von der Schulter rutscht und so Waffe oder Optik beschädigt werden.
5. Komfortabel, um auch auf langen Pirschgängen die Waffe ermüdungsfrei tragen zu können.

Quer über den Rücken getragen, sitzt die Waffe besonders fest am Körper, vergrößert aber die Silouette und behindert bei dichter Vegetation.

ist für Jäger eher unüblich. Der Vorteil, dass man sehr schnell, ohne den Gewehrgurt von der Schulter nehmen zu müssen, in Anschlag gehen kann, ist natürlich gegeben. Allerdings ist dies nur bei sehr kurzen Schussdistanzen und freihändigem Anschlag ein Vorteil. Da diese Form des Tragens der Waffe eher aus Selbstverteidigungssituationen oder aus dem Häuserkampf bekannt ist, wirkt ein solcher Auftritt bei unbeteiligten Waldbesuchern häufig etwas befremdlich.

WÄRMEBILDHANDGERÄT

Mit der Einführung von Wärmebildtechnik steht dem Jäger für die Pirschjagd ein äußerst wichtiges Beobachtungsgerät zur Verfügung. Am Anfang dieses Buches wurde erklärt, welche positiven Veränderungen die Wärmebildtechnik für die Pirschjagd und die Störung des Wildes durch den Jäger mit sich bringt. Zudem wurde ausführlich beschrieben, wie diese Technik bei der Pirsch genutzt werden kann. Daher erläutere ich im Folgenden nur die Anforderungen, die an ein pirschtaugliches Wärmebildhandgerät aus meiner Sicht gestellt werden.

Es gibt auch Gewehrgurt-Varianten, die wie ein Rucksack über beide Schultern getragen werden.

Dabei unterscheide ich zwei Einsatzbereiche:

Nachtpirsch auf Sauen in Revieren mit hohem Acker- und Grünlandanteil

Bei dieser Pirsch wird sehr häufig auf einem strategisch günstigen Platz eine möglichst große Fläche der landwirtschaftlichen Flächen nach Schwarzwild abgesucht. Da dies häufig auf Distanzen von mehreren Hundert Metern geschieht, ist eine leistungsstarke Wärmebildkamera von Vorteil. Hier genügt es nicht, einen hellen Punkt zu erkennen, sondern der Jäger möchte auch wissen, ob es sich um einen Sprung Rehe oder tatsächlich um Schwarzwild handelt. Eine große Brennweite und entsprechende technische Daten sind bei dieser Jagdstrategie gefordert. Andernfalls macht sich der Beobachter auf den Weg, die vermeintlichen Sauen anzupirschen, die sich bei näherem Hinsehen jedoch als Rehe oder gar Dachse entpuppen.

Die Tagpirsch auf alles Schalenwild

Die Jagd findet meist in abwechslungsreichem Gelände und oft auch nur im Wald statt. Da Wild in der Regel auf Entfernungen zwischen 20 und 300 Meter Entfernung gefunden wird, ist das ideale Wärmebildhandgerät etwas anders konfiguriert und daher auch in der Regel preisgünstiger. Der Beobachter hält zunächst nur einmal Ausschau nach Wärmequellen. Das Ansprechen nach Wildart, Alter und Geschlecht erfolgt anschließend mit dem Fernglas oder durch die Zieloptik. Selbstverständlich ist eine hohe Auflösung des Prozessors auch bei dieser Art der Pirschjagd kein Nachteil, jedoch nicht zwingend notwendig. Hier sind vor allem kleine und leichte Geräte von Vorteil, weil der Jäger diese permanent vor dem Auge hat und hier geringes Gewicht gegenüber optischen

Idealerweise besitzt das Wärmebildgerät einen integrierten Entfernungsmesser, damit keine unbeabsichtigten Weitschüsse produziert werden. Objektivgröße: > 35 mm, besser 50 mm. Detektor: >= 640 × 512, 12 µm, 50 Hz, < 15 mK.

Hohe Objektivgrößen sind bei Wärmebildgeräten vor allem für die Nachtjagd, an großen landwirtschaftlichen Flächen oder beim Abglasen von Gegenhängen im Gebirge notwendig.

Objektivgröße: 15 mm, maximal 35 mm, Sehfeld auf 100 Meter: >200 Meter, Detektor: >= 384 × 288, 12 µm, 50 Hz, <= 18 mK, Gewicht: 350–500 Gramm.

Werten deutlich höhere Priorität genießt. Ein integrierter Entfernungsmesser benötigt das Wärmebildhandgerät bei der Tagjagd ebenfalls nicht, da der Schütze zum einen in der Regel die Entfernung leichter einschätzen kann oder er einen Laser-Entfernungsmesser, zum Ablesen der ballistischen Daten, mitführt.

FERNGLAS MIT LEM

Ein kleines, leichtes Fernglas mit einer 8fachen oder 10fachen Vergrößerung führe ich bei der Pirschjagd stets mit. Das Ansprechen des Wildes nach der Detektion mit dem Wärmebildhandgerät ist damit viel unauffälliger, also ohne auffällige Bewegungen, und leichter, als man das durch die Zieloptik machen kann. Vor allem auf Entfernungen bis 150 Meter ist das Fernglas

Solch kleine sowie handliche Geräte können auch bestens dazu genutzt werden, um Wild am Tag zu finden.

In dem Fernglas ist ein Entfernungsmesser integriert. Da muss das separate Gerät zum Distanzmessen gar nicht mitgenommen werden.

Bei ausgewählten Modellen werden die mit dem Fernglas ermittelten Daten …

… an eine App auf dem Smartphone übertragen.

optimal. Vorne auf der Brust in einem Bino-Harnes getragen, ist das Glas mit minimalen Bewegungen direkt vor den Augen. Idealerweise hat das Fernglas einen integrierten Laser-Entfernungsmesser, so dass alle wichtigen Informationen sofort verfügbar sind. Moderne Ferngläser verfügen auch über eine Winkelkorrektur (siehe Kapitel 5 „Steilschüsse“). Teils sind sogar ballistische Daten ablesbar. Neuerdings sind Ferngläser mit Entfernungsmesser auf dem Markt, die die genauen Koordinaten des gemessenen Ziels in einer App speichern. Eine hilfreiche Funktion, um den Anschuss bzw. das Stück zu finden. Vor allem in Situationen, wenn im Gelände wenig markante Punkte vorhanden sind oder Schüsse auf weite Distanz in den Gegenhang gemacht wurden, ist es oft extrem schwierig, den Anschuss zu finden. Mit den Koordinaten in einer App ist dies ein Kinderspiel.

ENTFERNUNGSMESSER

Das Schätzen von Entfernungen ist je nach Gelände, Lichtsituation und Vegetation nicht immer leicht und auch häufig fehleranfällig. Daher gehört ein Entfernungsmesser zu meiner Standardausrüstung. Entweder ist dieser im Fernglas integriert oder ich nutze einen kleinen Laser-Entfernungsmesser, in dem ich die ballistischen Daten meiner Laborierung bereits eingepflegt habe. Aus meiner Erfahrung, auch als Schweißhundeführer, kann ich sagen, dass eine exakte Entfernungsmessung im Gelände viele unschöne Situationen verhindern würde. Oft werden Distanzen falsch eingeschätzt und Abweichungen von 100 Metern und mehr sind keine Seltenheit. Der Geschossabfall ist dann teils erheblich und Krankschüsse sind die Folge. Zur Not könnte die Distanz auch mittels eines Luftbildes in einer Jagd- oder Outdoor-App grob ermittelt werden. Diese Werte sind zwar nicht exakt, aber um festzustellen, dass beispielsweise die Distanz über 200 Meter beträgt, genügt diese Informationsquelle auf alle Fälle.

ZIEL-/BERGSTOCK

Bei der Pirsch wird in der Regel vom Boden aus geschossen. Um trotzdem einen möglichst stabilen Anschlag zu haben, werden Pirsch- oder Zielstöcke verwendet. Während der Zielstock einzig und allein für einen stabileren Anschlag konzipiert ist, sind Pirschstöcke funktioneller. Mit ihnen hat der Jäger im Gelände, vorrangig im Gebirge, beim Auf- und Abstieg zusätzlich noch einen Bergstock. Reine Zielstöcke werden als drei- oder vierbeinige Versionen angeboten. Für kürzere Schussentfernungen eignen sich auch Modelle mit schneller Höhenverstellung, bei denen nur der Vorderschaft unterstützt wird – der sogenannte Triggerstick. Liegt die Schussdistanz über 100 Meter, sind Zielstöcke zu empfehlen, bei denen sowohl der Vorder- als auch der Hinterschaft der Waffe unterstützt wird. Dadurch bekommt der Anschlag deutlich mehr Stabilität. Bei diesen Varianten erfolgt die Höhenverstellung durch eine steilere oder flachere Spreizung der Stützbeine. Soll der Stock gleichzeitig als Bergstock dienen, muss dieser deutlich stabiler gebaut sein. Dementsprechend haben diese Modelle meist ein höheres Gewicht und sind in der Regel auch etwas teurer als reine Zielstöcke. Vorder- und Hinterschaft liegen dabei jeweils in einer kurzen Gabel, die über

Die Waffe liegt sowohl mit dem Vorder- als auch Hinterschaft im Zielstock. So ist ein sicherer Schuss möglich.

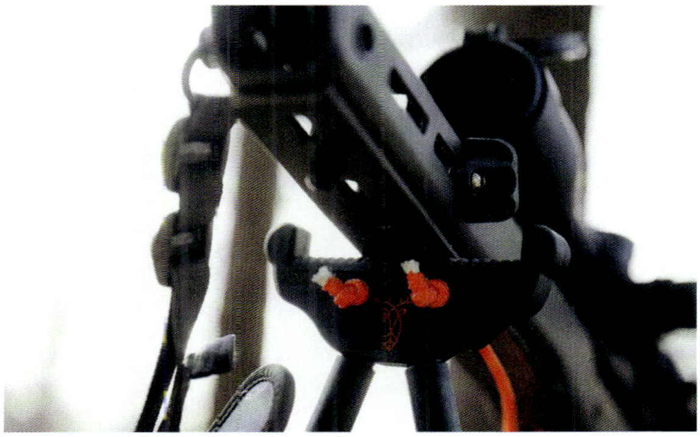

Die breite Auflagegabel am Vorderschaft bietet die Möglichkeit, die Waffe im Anschlag seitlich leicht zu verschieben.

PIRSCHSTOCK

1. Im Vorfeld mit dem eigenen Pirschstock trainieren, sowohl hinsichtlich Handhabung als auch Schussabgabe.
2. In schwererem Gelände (Gebirge) einen Pirschstock verwenden.
3. In einfacherem Gelände einen Zielstock mit einer breiteren Vorderschaftauflage zur leichteren Anschlagsanpassung nutzen.

die Einzelstäbe des vierteiligen Stockes gebildet werden. Durch diesen Umstand ist eine horizontale Korrektur des Anschlags nur möglich, indem der Stand des Stockes angepasst wird. Da dies manchmal nur ein paar Millimeter sind, kann dies eine sehr knifflige Angelegenheit werden. Ein Nachdrücken der Waffe über die Gabel ist auch möglich, bringt aber in das ganze System Spannung, die sich im Schuss lösen kann und dadurch der Schuss verrissen wird (vgl. Kapitel 5 „Anschlag und Körperhaltung"). Aus diesem Grund haben einige Hersteller für den Vorderschaft eine bewegliche Gabel konstruiert, die die Zielkorrektur deutlich vereinfacht und Schieß- bzw. Anschlagsfehler verhindert.

Angeboten werden die Stöcke aus Holz, Aluminium, Carbon oder einem Materialmix. Carbon-Stöcke sind sehr leicht, schlagen jedoch mit einem hohen Preis zu Buche. Stöcke aus Aluminium sind meist sehr gut in der Länge verstellbar, bei tiefen Temperaturen aber ohne Handschuhe unangenehm zu tragen. Pirschstöcke aus Holz sind nicht in der Länge anpassbar, diese müssen daher in Abhängigkeit zur Körpergröße des Schützen bestellt werden. Einfache Stöcke, wie etwa ein Hasel- oder ein klassischer Bergstock, bieten beim Anschlag nur eine geringe Unterstützung und tragen nur in begrenztem Maße zur Stabilisierung bei. Im Prinzip funktionieren diese Stöcke wie die Stange bei der Schießprüfung für den angestrichenen Anschlag, nur dass der Stock nicht feststeht, sondern recht labil ist.

BIPOD

Der liegende Anschlag ist in der Regel die stabilste Anschlagsvariante. Liegt der Schütze korrekt, werden sämtliche Ausgleichsbewegungen des Körpers weitgehend eliminiert – nur der Herzschlag bringt noch geringe Bewegung in den Körper. Um bei dieser Anschlagsart den Vorderschaft zu stützen, gibt es verschiedene Möglichkeiten. Ein Baumstumpf oder ein größerer Stein können dafür hergenommen werden. Um die Vorderschaftauflage aber variabel in der Höhe zu gestalten, gibt es sogenannte

VORSICHT BEI DER SCHAFTUNTERLAGE!

Unterschiedliche Unterlagen unter den Bipod-Füßen können zu erheblichen Treffpunktverlagerungen führen – in der Praxis sind 20–30 cm keine Seltenheit, je nach Untergrund und Schussdistanz. Deshalb: Beim Schießen mit Bipod immer auf konsistente, belastbare Auflage achten.

Warum das passiert:

- Weiche Medien (Moos, feuchter Wurzelfilz, Gras) komprimieren unter Last unterschiedlich stark und verändern dadurch die Neigung und Höhe der Waffe.
- Harte, feste Auflagen (Stein, Holz, Hartgummi) verformen sich kaum – der Treffpunkt ist stabiler.

Typische Beispiele aus dem Revier:

- Bipod auf Fels: sauberer, fester Anschlag.
- Bipod auf Moosschicht über Fels: Moos gibt nach, Treffpunkt kann sich um 20–30 cm verschieben (je nach Entfernung).
- Bipod auf dichtem Gras/Wurzelfilz: weiche Federwirkung, unvorhersehbare Treffpunktverlagerung.

Diese Abweichungen können auch auf dem Schießstand simuliert werden. Dazu wird das Zweibein auf verschiedene Untergründe (Isomatte, Hartgummi, Holz, mehrere Lagen Frotteetuch) gestellt. So kann festgestellt werden, wie sich die Treffpunktlage verändert.

Das Zweibein steht auf einem festen Untergrund. So kann nichts schiefgehen.

Der in diesem Fall weiche Untergrund kann nachgeben, was zu Treffpunktverlagerungen führen kann.

Bipods (Zweibeine). Diese haben sich für den Anschlag im Liegen bewährt. Mein bevorzugtes Modell ist aus Carbon gefertigt und in der Länge verstellbar, so dass es auf unterschiedliche Untergrundsituationen und Schusswinkel angepasst werden kann. Mit einer starken Magnetaufnahme am Vorderschaft sitzt das Bipod dabei sehr schnell und lautlos am gewünschten Aufnahmepunkt und ist rasch einsatzbereit.

BEKLEIDUNG

Das Angebot an Jagdbekleidung ist groß, genauso vielfältig scheinen auch die Ansprüche der Jäger zu sein. Somit wird jeder Jäger eine für ihn individuell passende Bekleidung nutzen. Da bei der Pirsch die Tarnung eine wesentliche Rolle spielt, nutzen zahlreiche Jäger Tarnkleidung mit sehr unterschiedlichen Mustern. Die Grundfarbe der Bekleidung sollte sich den jahreszeitlichen Gegebenheiten anpassen. Auch wenn das Farbsehen des Wildes sich von unserem unterscheidet, ist es trotzdem sinnvoll, die Farbe an die Umgebung anzupassen. Vorrangig geht es bei der Tarnung darum, die Umrisse des Jägers vor dem Hintergrund in der Landschaft zu verwischen. Des Weiteren sollte die Bekleidung bei Bewegung möglichst geräuscharm sein. Eine funktionelle Taschengröße und -anordnung ist zweckmäßig, da bei der Pirsch allerlei kleine Gegenstände mitgeführt werden.

Vor allem in der Hauptjagdsaison, im Herbst und Winter, ist es sinnvoll, wenn die Oberbekleidung wind- und regendicht ist. Idealerweise wird dies mit einer textilen Membran gelöst, die Wasser abhält, aber Dampf durchlässt. So bleibt der aktive Jäger bei körperlicher Anstrengung trotzdem noch halbwegs trocken. Wird die Kleidung im Zwiebelschalenprinzip getragen, kann je

Hier ist gut ersichtlich, weshalb die gewählte Tarnkleidung stets dem Hintergrund angepasst werden sollte.

nach Bedarf eine Lage abgelegt werden, um auf höhere Temperaturen zu reagieren – ebenso umgekehrt. Beginnend mit einer Funktionsunterwäsche, ein oder zwei Lagen als Zwischenschicht und einer Oberschicht kann die Bekleidung so der Wettersituation oder Bewegungsintensität angepasst werden. Viele Hersteller bieten Wetterschutzjacken mit Kapuze an. Ich persönlich trage diese äußerst ungern, da mein Gehörsinn dadurch stark beeinflusst wird. Bei Regenwetter trage ich deshalb lieber einen Hut mit Krempe, um mich vor Regen zu schützen.

Schuhe und Pirschsocken

Die Wahl des Schuhwerks hängt stark vom Gelände, der Witterung, dem Untergrund und der zu erwartenden Nähe zum Wild ab. In steilem, felsigem oder rutschigem Gelände führt kein Weg an einem stabilen Bergschuh vorbei. Führt die Pirschroute aber hauptsächlich über Wege, Wiesen und Felder, ist ein leichter, weicher Schuh meist die bessere Wahl, da das Gehen damit deutlich leiser vonstattengeht. Da nasse Füße rasch zu einer allgemeinen Unterkühlung und vor allem Unwohlsein führen, sind wasserdichte Schuhe unbedingt zu empfehlen. Muss sich der Jäger höchstwahrscheinlich sehr nah ans Wild begeben oder ist der vorhandene Untergrund beim Gehen sehr laut, sollten

Auch leichte Turn- oder Sommerschuhe eignen sich, je nach Untergrund, für die Pirsch.

Pirschsocken erlauben ein sehr geräuscharmes Pirschen im Gelände.

Pirschsocken genutzt werden. Dies sind Neoprensocken mit einer leicht verstärkten Sohle. Vom Gefühl her ist das Laufen damit vergleichbar wie die Fortbewegung barfuß. Trotzdem bleiben die durch die Pirschsocken geschützten Füße halbwegs warm. Gelegentlich ziehe ich meine Bergschuhe während der Annäherung ans Wild aus und nutze Pirschsocken, um die letzte Strecke möglichst geräuschlos zu pirschen. Noch leiser kann der Jäger nur gehen, wenn er in Strümpfen oder barfuß pirscht. Da wir dies aber nicht gewohnt sind, ist das für die meisten Jäger sehr unangenehm. Um noch leiser zu sein, können Woll- oder Fleece-Strümpfe über die Pirschsocken gezogen werden.

Handschuhe, Gesichtsschutz

Wie bereits erläutert, ist die Tarnung bei der Pirsch essenziell – dies gilt auch für die Hände und das Gesicht. Handschuhe haben neben der Tarnung noch den Effekt, dass sie vor Kälte, Wind und weiteren Umwelteinflüssen schützen. Selbst oder gerade bei der sommerlichen Blattjagd sind Handschuhe angeraten, auch wenn diese dann nur sehr dünne, reine Tarnhandschuhe sind. In den Wintermonaten sind isolierte Modelle, im besten Fall mit einer Membran, erste Wahl. Die Kuppen von Zeigefinger sowie Daumen sollten vom Handschuh bestenfalls nur mit einer dünnen Stoffschicht bedeckt sei. So lässt sich die Ausrüstung einfacher bedienen und das Gefühl am Abzug ist deutlich besser.

Die Tarnung des Gesichts kann mittels Sturmhaube, Schaltuch oder Netzschleier erfolgen. Auch mit einem Hut oder einer Cap, die tief ins Gesicht gezogen wird, kann das Gesicht beschattet werden. Die vollständige Tarnung des Gesichts ist jedoch empfehlenswert, da vor allem bei der Pirsch immer wieder der Kopf bewegt wird und dieser zudem der höchste Punkt des Körpers ist. Die hellen Flächen im Gesicht werden vom Wild häufig sehr rasch wahrgenommen.

Die hellen Partien im Gesicht können beispielsweise mit einem Schleier getarnt werden.

MÜNDUNGSVERSCHLUSS

Nach den UVV-Jagd ist ein Mündungsverschluss bei der Nachsuche vorgeschrieben, um das Eindringen von Fremdkörpern in den Lauf zu verhindern – ansonsten sind Laufsprengungen bei der Schussabgabe eine potenzielle Gefahr. Dies ist theoretisch möglich, wenn ein Tropfen Wasser oder eine Fichtennadel vor dem Schuss in den Lauf gelangt. Mit einem Laufstopfen oder einem Klebebandstück auf der Mündung kann diese Gefahr gebannt werden. Auch bei der Pirschjagd empfehle ich, die Mündung zu verschließen. Das Klebeband oder der Laufstopfen wird durch die Luftsäule vor dem Projektil durchstoßen oder weggeschleudert und hat keinerlei Auswirkungen auf die Ballistik des Geschosses.

MESSER

Ein Messer bei der Jagd mitzuführen ist eine Selbstverständlichkeit. Für die Wildbret-Hygiene ist es wichtig, dass das Wild unverzüglich aufgebrochen wird. Beim Schwarzwild darf dies aktuell wegen der ASP-Prävention vielerorts nicht mehr im Wald geschehen, bei anderen Wildarten stellt dies jedoch kein Problem dar. Dazu verwende ich ein kleines Integral- oder Taschenmesser mit einer zusätzlichen Aufbrechklinge und Säge. Damit können bei Bedarf der Brustkorb geöffnet oder vor dem Schuss ein paar dünnere Äste, die die Geschossflugbahn behindern, abgesägt werden.

GUMMIHANDSCHUHE

Als Gesundheitsschutz benutze ich zum Aufbrechen stets Einweghandschuhe. Damit ich diese immer dabeihabe, befindet sich am Gürtel meiner Jagdhose eine kleine Aufbewahrungstasche für den schnellen Zugriff auf die Nitrilhandschuhe.

SEIL

Ein kurzes Stück Paracord von etwa zwei bis drei Meter Länge gehört in jede gut sortierte Ausrüstung des Pirschjägers. Diese leichte, aber äußerst reißfeste Nylonschnur ist erstaunlich vielseitig einsetzbar und nimmt im Rucksack kaum Platz ein.
Die Anwendungsmöglichkeiten sind vielfältig:

— Als Hilfe, um das erlegte Stück beim Aufbrechen aufzuhängen.
— Als Bergehilfe, indem an einem Ende eine Schlaufe geknotet und am anderen ein kurzes Aststück als Griff befestigt wird.
— Im Bereich der Ersten Hilfe, etwa zum Fixieren einer Schiene oder zum improvisierten Abbinden.
— Zum Befestigen, Reparieren oder Bündeln verschiedenster Ausrüstungsgegenstände.

Paracord ist in verschiedenen Stärken und Farben erhältlich, meist als Meterware im Baumarkt oder auf Rollen in spezialisierten Paracordshops. Hochwertige Varianten (z. B. Typ III – 550 Cord) tragen eine Bruchlast von über 250 kg und bestehen aus mehreren feinen Innensträngen, die sich bei Bedarf auch einzeln verwenden lassen.

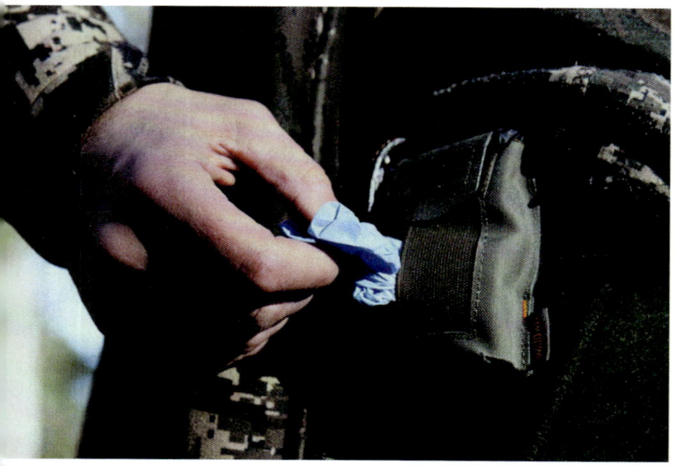

Beim Aufbrechen sollten aus Hygienegründen Handschuhe verwendet werden.

ERSTE HILFE

Das Mitführen eines IFAK (Individual First Aid Kit) ist eine Selbstverständlichkeit. Den Inhalt sollte jeder nach Bedürfnis und eigenem Können selbst zusammenstellen. In diesem Zusammenhang rate ich jedem Jäger, einen guten Erste-Hilfe-Kurs regelmäßig zu besuchen – ideal, wenn dabei vorrangig über Outdoorverletzungen gesprochen wird.

VERPFLEGUNG

Bei längeren Pirschgängen ist eine kleine Verpflegung notwendig. Dazu nutze ich eine Flasche mit Wasser oder Apfelschorle und entweder ein Kohlehydrategel oder auch einen Nussriegel. Mit dieser Verpflegung kann dem Absacken der Konzentration entgegengewirkt werden, der Jäger bleibt wachsam und bei der Schussabgabe fokussiert. Einfache Zucker in Form von Traubenzucker bringen eine schnelle Leistungssteigerung,

Die kleineren Ausrüstungsgegenstände verstaut der Autor in der Regel in einem Pirschgürtel.

die aber nicht lange anhält. Energie-Gels liefern ähnlich schnell Energie, können aber komplexere Kohlenhydratmischungen enthalten, die langsamer verdaut werden und für Ausdauerleistungen über längere Zeiträume besser geeignet sind.

INSEKTENSCHUTZ

Zum Gesundheitsschutz bei der Pirschjagd gehört neben der geeigneten Kleidung auch der Schutz vor Insekten, speziell vor Zecken. Mit Permethrin behandelte Kleidung bietet dabei bereits einen gewissen Schutz. Diese gibt es im Fachhandel auch als Tarnkleidung für die Jagd. Alternativ wende ich regelmäßig Insektenschutzspray an. Nicht nur gegen Zecken, sondern auch gegen Stech- oder Kriebelmücken, damit diese nicht ständig in Gesicht und Ohren zur Pein werden. Als Folge würde man sich ständig ans Gesicht fassen, was den Pirscherfolg negativ beeinflussen würde. Alternativ dazu könnte man auch einen Gesichtsschleier verwenden, der gleichzeitig einen Tarneffekt hat.

ERSATZAKKU

Für die energiebedürftigen Geräte, wie Wärmebildhand-, Vorsatzgerät oder Taschenlampe habe ich einen vollgeladenen Ersatzakku in meiner Ausrüstung. Da die Geräte mittlerweile fast ausschließlich die 18650-Li-Ion-Akkus als Energiequelle nutzen, reicht einer als Reserve in der Regel aus.

BLATTER

Nicht nur zur Rehwildbrunft, sondern auch bei der herbstlichen Jagd auf weibliches Rehwild und Kitze, gehört ein Blatter zu meiner Standardausrüstung. Geißen und Kitze lassen sich häufig mit dem Rehwildblatter nach dem ersten Schuss heranlocken
So besteht dann immer wieder die Möglichkeit, ein weiteres Stück zu erlegen. Auch bei anderem Schalenwild hat ein Mahnen bei Rotwild oder ein Grunzen bei Schwarzwild bereits häufig zum Anhalten oder Rückkehren der unbeschossenen Stücke geführt.

Das winzig kleine Blinklicht bietet in der Nacht eine gute Orientierung.

OPTIKREINIGUNGSTUCH

Ein kleines Optikreinigungstuch in einer Neoprenhülle, damit es möglichst lange trocken bleibt, hängt an meinem Reißverschlusszipper. Damit kann ich rasch eine nasse oder beschlagene Linse von Zielfernrohr, Fernglas oder Wärmebildgerät reinigen und für klare Sicht sorgen. Würde man mit einem Papiertaschentuch oder einem Stück Stoff seiner Kleidung die Linsen reinigen, wäre die Sicht zwar auch klar, aber auf Dauer würden die Linsen durch das ungeeignete Reinigungstuch zerkratzt werden und die optische Leistung verschlechtern, da die Linsen feinste Kratzer bekommen.

PAPIERBÄNDEL/ PAPIERTASCHENTUCH

Zur Markierung von Standplatz, Anschuss, Fluchtfährte oder auch neu endeckten Wechseln und anderen wichtigen Spots eignet sich Papiermarkierungsband. Auf den Rollen steht jeweils 75 Meter Band zur Verfügung, es ist in vielen Farben erhältlich. Ist mal kein Band vorhanden, eignen sich auch Papiertaschentücher für Markierungen. Natürlich sind diese noch vielseitiger einsetzbar und gehören daher auch zu meiner Ausrüstung.

BLINKLAMPE

Damit ich mich in der Dämmerung oder auch nachts, bei der Saujagd, besser orientieren kann, habe ich noch eine kleine LED-Blinklampe dabei. Am Standplatz befestigt, habe ich permanent eine Orientierung, um den Anschuss bzw. das Stück zu suchen. Natürlich kann ich damit auch den Anschuss oder das Stück markieren, um es schneller wiederzufinden, wenn es geborgen werden soll. Nicht größer als eine 2-Euro-Münze und wenige Gramm schwer, sind diese LED-Blinker eine echte Hilfe in der Dunkelheit. Mit der daran befindlichen Klammer kann das Blinklicht einfach an Zweigen oder Ähnlichem befestigt werden.

TASCHENLAMPE

Eine kleine und leichte LED-Taschenlampe nehme ich auch bei der Pirsch mit. Vor allem im Winterhalbjahr war ich schon oft froh, wenn bei der Pirsch am Nachmittag dann doch recht schnell die Dämmerung hereinbricht und der Weg zurück zum Auto sich noch in die Länge zieht. Auch beim Bergen oder Aufbrechen am Abend ist die enorm helle Lampe eine große Unterstützung. Sie dient dank der Kopfhalterung gleichzeitig als Stirnlampe, wiegt nur etwas mehr als 100 Gramm und ist nur ein wenig länger als zehn Zentimeter. Mit einer Lichtleistung von 3000 Lumen lassen sich auch nachts Details am Anschuss sicher erkennen.

Die Helligkeit des nur münzgroßen Lämpchens ist beeindruckend.

Obwohl die Windrichtung bekannt ist, sollten die lokalen Windverhältnisse im Revier geprüft werden.

WINDPRÜFER

Auch ein Windprüfer darf in meiner Pirschausrüstung nicht fehlen. Damit erkenne ich, ob der Wind tatsächlich so steht, dass ich mich dem Wild weiter unbemerkt annähern kann. Talkum, in eine kleine Plastikflasche gefüllt, zeigt deutlich, wie sich die Windsituation unmittelbar um meinen Standort gestaltet. Unter Umständen muss dann, wenn es der Wind erfordert, die Strategie nochmals geändert und das Wild von einer anderen Richtung angegangen werden.

TRANSPORTLÖSUNGEN FÜR DIE PIRSCH

Um die gesamte Ausrüstung auf der Pirsch sinnvoll und zugleich komfortabel zu transportieren, gibt es verschiedene Lösungen. Welche Variante am besten geeignet ist, hängt vor allem von der Dauer des Pirschgangs, der Geländestruktur und der persönlichen Vorliebe ab.

Bino-Harness-System

Für kürzere Pirschgänge oder Situationen, in denen das Equipment bewusst reduziert wird, bietet sich eine Brusttragetasche – das sogenannte Bino-Harness – als äußerst praktische Lösung an.
Dieses System ist in erster Linie für das Fernglas konzipiert, bietet aber durch zusätzliche Steckfächer und kleine Außentaschen Platz für weitere Ausrüstungsgegenstände, die direkt auf der Brust getragen werden können. Wird das Harness mit den vorhandenen Hosen- und Jackentaschen sowie eventuell dem Hosengürtel kombiniert, lässt sich bereits ein Großteil der Pirsch-Ausrüstung sinnvoll und griffbereit verstauen. Viele moderne Harness-Systeme ermöglichen zudem die Erweiterung durch Zusatztaschen – beispielsweise für Wärmebildgeräte, Laser-Entfernungsmesser oder andere kleine Hilfsmittel. So ist nahezu alles sicher und ergonomisch verstaut, was auf der Pirsch benötigt wird. Das ergonomisch aufgebaute Tragesystem verteilt das Gewicht gleichmäßig über beide Schultern und entlastet so Rücken und Nacken. Die wichtigsten Ausrüstungsgegenstände – insbesondere das Fernglas – sind schnell griffbereit, gut geschützt und liegen sicher am Körper. Weiterer Vorteil: Die Linsen des Fernglases bleiben im geschlossenen Harness zuverlässig vor Regen, Schmutz und Stößen geschützt.

Modularer Jagdgürtel

Wer die Pirschjagd regelmäßig und intensiv betreibt, weiß, wie oft sich – je nach Temperatur, Wetter und Gelände – die benötigte Oberbekleidung ändert. Damit das eigene Pirschequipment dabei nicht ständig von einer Jacke in die nächste umgeräumt werden muss, bietet sich ein modular aufgebauter

Harness-Systeme sind modular aufgebaut. Falls mehr Platz benötigt wird, können zusätzliche Taschen angebracht werden.

Jagdgürtel als praktische Lösung an. Dieser Gürtel ist mit verschiedenen Taschen, Haltern und Schlaufen bestückbar und lässt sich individuell anpassen. Ob Messer, Taschenlampe, Wärmebildgerät, Munition, Paracord oder kleine Erste-Hilfe-Ausrüstung – alles findet darin geordnet und sicher seinen Platz. Vorteil: Der Gürtel ist unabhängig von der Bekleidung. Man greift einfach zum Gürtel, zur Waffe und zum Pirschstock – und die Pirschjagd kann beginnen. Dank der gleichmäßigen Gewichtsverteilung auf Hüfthöhe trägt sich das System angenehm und ermöglicht volle Bewegungsfreiheit. Gleichzeitig bleibt die Ausrüstung körpernah, leise und schnell erreichbar – ideal für

Pirschgürtel nehmen allerhand Kleinteile auf und bieten dem Pirschjäger Flexibilität.

Um die Linsen des Fernglases zu schützen, setzt der Autor auf einen Latz, der das Glas nach oben hin abdeckt.

den lautlosen Einsatz auf der Pirsch. Bei der Gürtelvariante trage ich das kleine Fernglas trotzdem mit einem leichten X-Tragegeschirr vor der Brust. Um die Linsen vor Verunreinigungen und Regen zu schützen, habe ich einen Schutzlatz darüber angebracht.
Ein modularer Jagdgürtel ist die perfekte Ergänzung für Jäger, die flexibel bleiben möchten. Er sorgt für Organisation, Effizienz und Wiederholbarkeit – unabhängig von der gewählten Bekleidung. Damit steht die Ausrüstung stets in gleicher Ordnung bereit, und kein Griff geht mehr ins Leere.

Rucksack

Auch wenn bei der Pirschjagd Gewicht und Geräuscharmut oberste Priorität haben, gibt es Situationen, in denen ein Rucksack unumgänglich ist – etwa bei längeren Pirschgängen, beim Mitführen von Wechselkleidung, Proviant oder zusätzlicher Ausrüstung wie beispielsweise einem Spektiv. Besonders vorteilhaft erweisen sich spezielle Pirschrucksäcke mit integrierter Wildtragefunktion, wenn der Rückweg mit erlegtem Wild über eine längere Strecke führt. Sie ermöglichen eine ergonomische Gewichtsverteilung und erleichtern so den Abtransport erheblich.
Entscheidend ist, dass der Rucksack funktional, kompakt, ergonomisch und vor allem geräuscharm ist. Materialien wie Loden,

Das Angebot an Rucksackmodellen ist groß. Hier ein relativ einfaches Modell.

gebürstetes Polyester oder Mikrofaser verhindern störende Reibegeräusche an Ästen oder Kleidung. Für die Bergjagd oder allgemein längere Laufwege haben sich Modelle bewährt, bei denen die Waffe direkt am Rucksack befestigt werden kann.
Eine besonders flexible Variante sind moderne Tragegestelle mit Lastenkraxe. Diese Systeme lassen sich – ähnlich wie ein modularer Pirschgürtel – individuell mit Taschen oder Gurten bestücken. Zudem bieten sie die Möglichkeit, Wild oder schwere Ausrüstung körpernah und rückenschonend zu transportieren. Damit sind sie vor allem für die Bergjagd eine durchdachte Ergänzung zur klassischen Pirsch-Ausrüstung.
Ob klassischer Lodenrucksack, modernes Tragesystem mit Waffenhalterung oder flexible Lastenkraxe – entscheidend ist, dass der Rucksack zur Jagdart, zum Gelände und zur persönlichen Ausrüstung passt. Richtig gewählt, wird er zum unentbehrlichen Begleiter auf langen Pirschgängen und bei der Wildbergung.

Bei diesem Modell kann die Waffe im Rucksack verstaut werden.

Sollen noch mehr Lasten getragen werden, gibt es Rucksackmodelle mit integrierter Kraxe.

TREFFPUNKT, HALTEPUNKT UND ANSCHLAGSVARIANTEN

VOR DER KÜR KOMMT DIE PFLICHT

Die genaue Kenntnis zur Treffpunktlage der Waffe bei unterschiedlichen Entfernungen ist Grundvoraussetzung, damit ein präziser Schuss abgegeben werden kann.

Daneben sind variierende Schusswinkel und unterschiedliche Schusspositionen weitere Erschwernisse, die der Jäger bei der Pirschjagd zu bewältigen hat. Im Folgenden erhalten Sie Hinweise, wie die Treffpunktlage einer Waffe bestimmt und angepasst wird und wie Sie die den Anschlag in unterschiedlichen Situationen außerhalb des Schießstandes wiederholgenau und stabil herstellen können. Voraussetzung ist, dass Waffe, Montage und Zieloptik in einwandfreiem Zustand sind und die verwendete Munition mit der Waffe harmoniert.
Bevor mit einer Waffe auf ein Tier geschossen wird, ist es die Pflicht, dass die Waffe korrekt eingeschossen ist und die Treffpunktlage des Setups (Waffe, Zielfernrohr, Montage, Munition) in Relation zur Entfernung bekannt ist. Nur so ist ein sauberer, sofort tödlicher und damit tierschutzgerechter Schuss möglich. Darüber hinaus erfordert die Erzielung reproduzierbarer Treffer eine saubere Schießtechnik.

ERMITTELN DER TREFFPUNKTLAGE

Bei einigen Lauf- und Munitionskombinationen kann es vorkommen, dass die Streuung ungewöhnlich groß ist, oder in einer

STREUUNG BEIM BÜCHSENSCHUSS

Atmosphärische Einflüsse wie Luftdruck, Wind und Luftfeuchtigkeit beeinflussen die Treffpunktlage erst merklich auf größeren Distanzen (typischerweise ab etwa 200–300 m). Unabhängig von der Entfernung sind jedoch immer drei grundsätzliche Streuungsquellen vorhanden:

- **Waffenstreuung:**Moderne Büchsen liefern heute eine hervorragende Präzision. Auf 100 m liegt die Streuung häufig bei rund 20 mm oder weniger.
- **Munitionsstreuung:**Fabrikmunition streut in der Regel etwas stärker als handgeladene Patronen. Handladung erlaubt enge Toleranzen bei Geschossgewicht, Hülsenmaß und Treibladung. Viele Fabrikladungen erreichen auf 100 m üblicherweise einen Streukreis von unter 30 mm.
- **Schützenstreuung:**In der Praxis zeigt sich häufig, dass die Streuung maßgeblich vom Schützen selbst abhängt. Anschlag, Auflage, Atmung, Abzugskontrolle und Übung entscheiden maßgeblich über das Schussbild. Regelmäßiges Training und eine saubere Anschlagstechnik mit guter Auflage minimieren diesen Faktor.

Um die Treffpunktlage einer Waffe zu überprüfen, sollten stets Gruppen aus drei oder besser fünf Schüssen genutzt werden.

5er- oder 10er-Serie ein Schuss deutlich aus der Reihe tanzt. Bei Ausschluss der sonst üblichen Streuungsfaktoren, wie Mucken, instabile Auflage oder unzureichende Schießtechnik, bleibt dann häufig die Vermutung, dass die Waffen-/Munitionskombination keine kontinuierliche Präzision liefert. In solchen Situationen gibt es dann eigentlich nur die Möglichkeit, die Laborierung zu wechseln.

BESTIMMUNG DER MITTLEREN TREFFPUNKTLAGE

1. Schieße aus 100 m Entfernung fünf Schuss auf eine Scheibe.
2. Ziehe durch den dritten Schuss von unten eine waagerechte Linie.
3. Ziehe durch den dritten Schuss von links eine senkrechte Linie.
4. Der Schnittpunkt dieser Linien ist die mittlere Treffpunktlage (TPL).

Anhand der Lage dieses Schnittpunktes (TPL) kann in Bezug zum Haltepunkt die vorhandene Höhen- und Seitenabweichung der Optik zum gewählten Haltepunkt festgestellt werden.

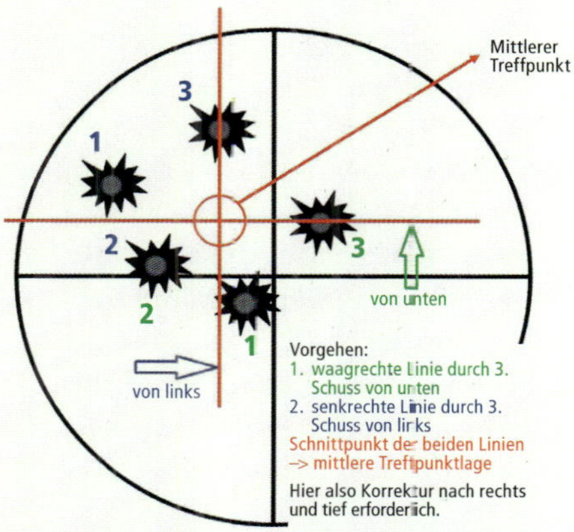

Die Ermittlung der Treffpunktlage mittels fünf Schuss zählt zum Basiswissen eines Jägers.

Mit diesen Angaben kann nun an der Zieloptik die entsprechende Verstellung vorgenommen werden. Liegt allerdings der Streukreis bei mehr als 60 mm, ist es ratsam, erst einmal nichts an den Einstellungen zu verändern. Zunächst sollte der Grund für die ungewöhnlich große Streuung gesucht werden. Kann ein Schützenfehler ausgeschlossen werden, nehmen Sie am besten die Hilfe eines Schießlehrers oder Büchsenmachers in Anspruch.

GRÜNDE FÜR GROSSE STREUUNGEN

Einer Umfrage zufolge, die die DEVA (Deutsche Versuchs- und Prüf-Anstalt für Jagd- und Sportwaffen e. V.) durchführte, lagen die Gründe für streuende Waffen zu etwa 70 % bei Fehlern der Zielfernrohrmontage, zu 20 % bei defekten Zielfernrohren bzw. Absehen und zu rund 10 % war die Ursache am Lauf zu finden. In dieser Reihung würde dann auch die Fehleranalyse ablaufen.

FEHLERQUELLEN BEIM SCHIESSEN

Schütze bzw. Schießtechnik

- **Anschlag/Auflage:** Unterschiedliche oder instabile Auflagen führen zu variabler Abstützung und damit zu Streuung. Die Art der Auflage kann das Schwingungsverhalten des Laufes beeinflussen. **Lösung:** konstante, reproduzierbare Auflage (Sandsack, Bipod), vergleichbare Körperhaltung, ggf. Auflagenhärte wechseln.
- **Abzugsverhalten:** Ruckiger oder ungleichmäßiger Abzug verschiebt den Schuss. **Lösung:** langsamer, gleichmäßiger Abzug; Trockentraining.
- **Atmung/Nachhalten:** Unsauberes Atmen oder mangelndes Nachhalten verändert den Treffpunkt. **Lösung:** Atemrhythmus beachten, Blick- und Nachhalteübung.
- **Visuelle/psychische Faktoren:** Stress, Müdigkeit, Unaufmerksamkeit. **Lösung:** Ruhe, Routine, regelmäßiges Training.

Waffe/Mechanik

- **Montage des Zielfernrohrs:** Lose Ringe oder Schrauben und nicht geprüftes Drehmoment der Schrauben verursachen veränderten Sitz bei jedem Rückschlag. **Lösung:** Anzugsdrehmoment der Schrauben prüfen, Montagebasis richtig setzen bzw. kleben.
- **Bedding:** schlechte Lagerung des Systems im Schaft (Spiel) – inkonsistente Lagerkräfte. **Lösung:** korrektes Bedding, Drehmoment der Systemschrauben prüfen.
- **Nicht freischwingender Lauf:** Der Schaft berührt den Lauf und verhindert freies Schwingen. **Lösung:** Schaft nacharbeiten/wechseln, um Laufberührung zu beseitigen.
- **Mündung:** Beschädigte oder verschmutzte Mündungskrone verändert das Geschossverhalten beim Austritt. **Lösung:** Lauf- und Mündungspflege, ggf. Mündung neu abdrehen lassen.
- **Lauftemperatur:** Erwärmter Lauf kann Treffpunkt verändern – Drift der Treffpunktlage – vor allem bei kombinierten Waffen. **Lösung:** Schussfolge kontrollieren, Pausen bei mehreren Schüssen.
- **Lauflänge/Drall:** Ungeeignete Dralllänge für das jeweilige Geschoss reduziert die Präzision. Passende Kombination aus Laufdrall und Geschoss wählen.
- **Laufalter:** Ab einer gewissen Schusszahl ist ein Lauf verschlissen und damit nicht mehr präzise. Die Schusszahl hängt von vielen Faktoren ab. Die Angaben dazu schwanken zwischen 4000 bis 20 000 Schuss. **Lösung:** Laufwechsel.

Munition

- **Streuung zwischen Patronen (Charge- bzw. Produktionsstreuung):** Fabrikmunition hat Chargenvariabilität; handgeladene Patronen können präziser sein, wenn sorgfältig gefertigt. **Lösung:** Munition vergleichen, Matchmunition oder handgeladene Patronen testen, gleiche Charge verwenden.

- **Geschossgewicht, Sitzlänge, Hülsenvariation:** Unterschiedliche Setztiefen oder Hülsenmaße beeinflussen Flugbahn und Druck. **Lösung:** konsistente Ladedaten, Sortierung bzw. Neck-Sizing bei Handladung.
- **Ladungsvarianz, Temperatursensitivität:** Pulver reagiert auf Temperatur – Mündungsenergie variiert. Falsch gelagerte Munition kann deutlich verändertes Abbrandverhalten des Pulvers haben. **Lösung:** Temperaturstabile Ladungen wählen, Temperaturwechsel beachten. Munition trocken und normal temperiert lagern.

Ballistik & Umwelteinflüsse

- **Wind:** Seiten- und böiger Wind verschiebt Treffpunkt, vor allem über längere Distanzen. **Lösung:** Wind lesen, Windkorrekturen anwenden, stärkere Windbedingungen meiden.
- **Air Density (Luftdruck, Temperatur, Feuchte):** Beeinflusst Flugbahn über größere Distanzen (ab etwa 200–300 m relevant). **Lösung:** Ballistische Rechner bzw. Windtafeln nutzen.
- **Mündungsgeschwindigkeit:** Die Mündungsgeschwindigkeit wird nicht gemessen, sondern vom Munitionshersteller übernommen und damit die ballistische Berechnung vorgenommen. **Lösung:** V0-Messung mit der eigenen Waffe und Munition durchführen.

Laufreinigung & Zustand

- **Verschmutzter Lauf, unterschiedliche Fouling-Zustände:** Beide Faktoren beeinflussen die Reibung des Geschosses im Lauf und damit die Treffpunktlage. **Lösung:** Konsequente Reinigungsroutine, auf Geschossmaterial achten. Möglichst gleiches Geschossmaterial verwenden. Chemische Laufreinigung je nach Geschossmaterial und Kaliber nach 50 bis 300 Schuss, wenn Präzision nachlässt.
- **Korrosion, Narben im Lauf:** Defekte Stellen im Lauf reduzieren Präzision. **Lösung:** Lauf regelmäßig prüfen und pflegen, ggf. tauschen.

Optikfehler

- **Parallaxe, Optikfehler:** Falsche Parallaxe- oder Dioptrien-Einstellung verursachen wechselnden Haltepunkt. **Lösung:** Parallaxe einstellen, Okulareinstellung prüfen.
- **Defektes Zielfernrohrabsehen, lose Linsen:** Führen zu wechselndem Haltepunkt. **Lösung:** Zielfernrohr mit Kollimator testen lassen, Boxtest.

Weitere Faktoren

- **Schalldämpfer, Mündungsbremse:** Beeinflussen Rückstoßverhalten und Laufschwingung. Bei manchen Setups ändert sich die Treffpunktlage mit und ohne Schalldämpfer. **Lösung:** Schalldämpfer-Einfluss prüfen.

CHECKLISTE ZUR EINGRENZUNG HOHER STREUUNG:

- **Streukreis messen** (5 Schuss, konstante Auflage, 100 m)
- **Munition wechseln** (andere Geschossformen)
- **Schützen prüfen:** Wiederholung mit anderer Auflage bzw. anderem Schützen.
- **Montage prüfen** (Ringe, Schrauben, Abstände, Sitz, Drehmomente)
- **Optik prüfen** (Absehen, Parallaxe, Linsen)
- **Lauf & Mündung prüfen** (Krone, Sauberkeit, Zustand)
- **Hilfe einholen** (Büchsenmacher oder Schießtrainer)

BOXTEST

Der Absehen-Boxtest ist eine Methode zur Überprüfung der Präzision und Genauigkeit der Absehenverstellung eines Zielfernrohrs. Dabei wird das Absehen systematisch in einem Quadrat oder Rechteck verstellt und anschließend kontrolliert, ob die Treffpunkte der Schüsse den erwarteten Positionen folgen. Ein erfolgreicher Boxtest zeigt, dass die Absehenverstellung korrekt funktioniert und das Zielfernrohr präzise arbeitet. Zusätzlich stellt der Boxtest eine sehr gute Schießübung sowie Einstellungsübung dar und bestätigt das Vertrauen in das gesamte Setup. Beim Test wird mit dem Absehen immer der rote Punkt auf der Scheibe anvisiert. Entfernung zur Scheibe: 100 Meter.

Ablauf:

1. Mit der auf 100 Meter eingeschossenen Waffe werden ein bis drei Schuss auf den roten Punkt abgegeben.
2. Seitenverstellung des ZF um 5 cm (in der Regel 5 Klick) nach links, danach Schussabgabe.
3. Höhenverstellung des ZF um 10 cm nach oben, danach Schussabgabe.
4. Seitenverstellung des ZF um 10 cm nach rechts, danach Schussabgabe.
5. Höhenverstellung des ZF um 10 cm nach unten, danach Schussabgabe.
6. Seitenverstellung des ZF um 5 cm nach links, danach Schussabgabe.

Wenn der letzte Schuss (Schritt 6) wieder auf dem roten Punkt bzw. im 1 MOA-Bereich (2,9 cm) im Umkreis davon sitzt, ist der Test bestanden.

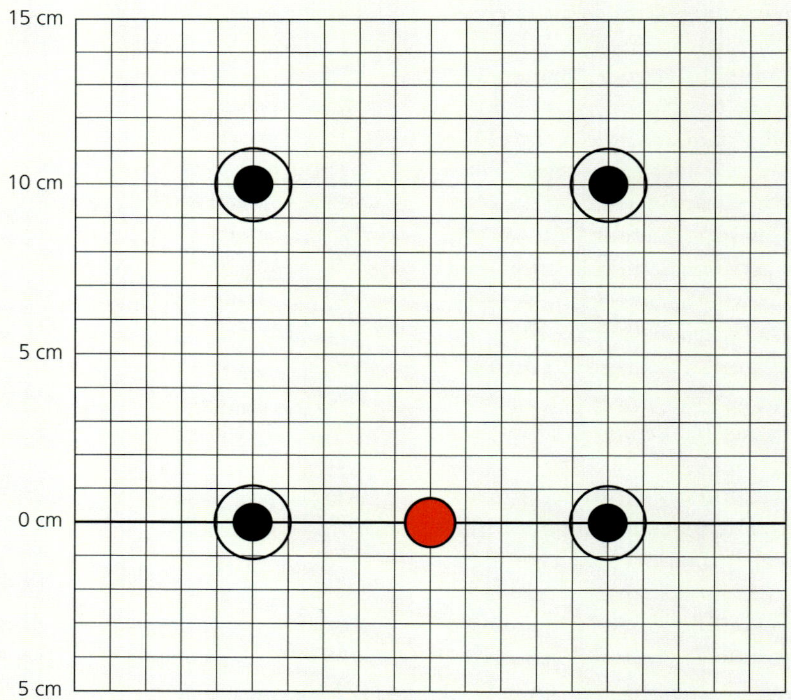

Mit dem Boxtest kann die Absehenverstellung des Zielfernrohrs überprüft werden.

GRUNDSATZ-ENTSCHEIDUNG: FLECK ODER GEE?

Bevor die Frage nach dem Haltepunkt beantwortet wird, muss sich jeder Jäger eine Grundsatzfrage stellen: Soll die Waffe auf 100 Meter Fleck oder auf GEE (günstigste Einschussentfernung) eingeschossen werden? Im Unterschied zum Sportschützen, der auf festgelegte Distanzen schießt, kennt der Jäger die Schussentfernung in der Praxis nicht im Voraus. Unterscheidet sich die Schussentfernung deutlich von der Distanz beim Einschießen, kann ein Fehlschuss die Folge sein. Um diesem Risiko zu begegnen, gibt es für den Jäger drei Vorgehensweisen:

1. Schießen mit definierten Abweichungen (GEE).
2. Entfernung messen und die Optik auf die gemessene Distanz justieren (ASV).
3. Entfernung messen und den Haltepunkt korrigieren.

In der jagdlichen Praxis ist Variante 1 die meistverbreitete Methode, da sie einfach anzuwenden ist und einen großen Teil der jagdlichen Anwendungen beim Büchsenschuss abdeckt. Bei Variante 2 sind eine entsprechende Optik mit einem ballistischen Absehen und ballistische Kenntnisse von Waffe und Laborierung notwendig. Dies sollte jedoch nicht nur von besonders geübten Schützen angewendet werden können, sondern gehört zu den Basisfähigkeiten jedes verantwortungsvollen Jägers. Variante 3 ist die unpräziseste Methode. Sie wurde früher häufig angewendet und wird der Vollständigkeit halber auch erläutert.

BEGRIFFSDEFINITION

Haltepunkt: Der Punkt, auf den das Fadenkreuz/Leuchtpunkt gerichtet werden muss, um das Ziel zu treffen.

Treffpunkt: Der Punkt, an dem das Geschoss auf das Zeil auftrifft.

Halte- und Treffpunkt sind auf zwei Entfernungen identisch, da die Flugbahn des Geschosses keinen Strich darstellt, sondern eher der einer Parabel gleicht. Zwischen diesen beiden Entfernungen, auf denen die Geschossflugbahn die Visierlinie einmal von unten kommend und einmal von oben kommend kreuzt, kommt es infolge dessen zu einer Treffpunktverlagerung nach oben. Diese beiden Entfernungen sollte jeder Schütze kennen, denn nur so kann durch den Schützen in Form einer Haltepunktkorrektur diese Differenz ggf. ausgeglichen werden. Nach dem zweiten Schnittpunkt mit der Visierlinie fällt das Geschoss mit zunehmender Flugstrecke ab. Dafür verantwort ich ist zum einen die Erdanziehungskraft, zum zweiten der Luftwiderstand. Seitliche Abweichungen sind meist durch den Wind bedingt.

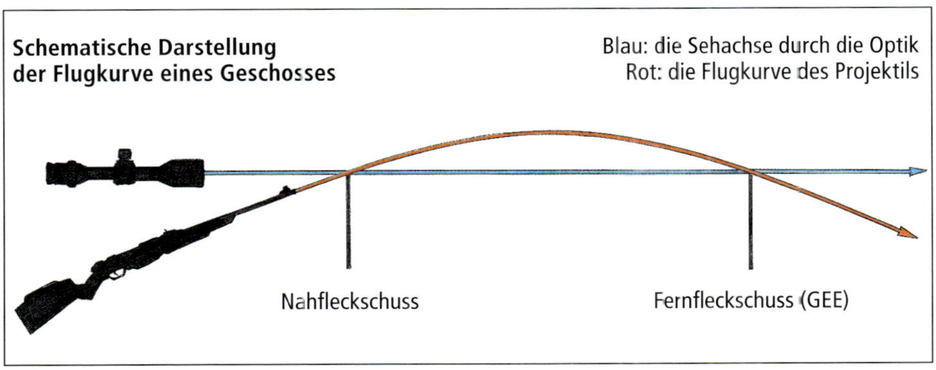

Geschossflugbahn und Visierlinie/Sehachse

SCHIESSEN MIT DEFINIERTEN ABWEICHUNGEN (GEE)

Wie in nebenstehender Zeichnung dargestellt, bewegt sich das Geschoss unterhalb und oberhalb der Visierline, also dem Mittelpunkt des Absehens im Zielfernrohr. An zwei Punkten wird diese Linie von der Flugbahn des Geschosses geschnitten. Nach dem zweiten Schnittpunkt fällt die Geschossflugbahn kontinuierlich ab. Dies ist die grundlegende Flugkurve aller Büchsengeschosse.

GEE-Standard bei der Jagd

Mit dem Wissen der Geschossflugbahn hat sich im jagdlichen Bereich das Einschießen auf GEE etabliert. Die GEE definiert die Entfernung von der Laufmündung bis zum zweiten Schnittpunkt zwischen Visierlinie und Geschossflugbahn bei einem maximalen Hochschuss von 4 cm oberhalb der Sehachse. Diese 4 cm werden für den jagdlichen Schuss als Abweichung toleriert. Dabei geht man vom Rehwild aus – es ist die häufigste und kleinste Schalenwildart, die wir in Deutschland bejagen. Der Bereich für brauchbare Treffer entspricht der Größe eines Bierdeckels und hat einen Durchmesser von zehn Zentimetern. Demzufolge bewegt sich ein Geschoss auf seiner Flugbahn durch folgende markante Punkte:

1. **Mündung der Waffe:** An diesem Punkt befindet sich das Geschoss zwischen 5 und 10 cm unterhalb der Visierlinie, da sich die Mitte der Zieloptik mit Montage genau um diesen Wert über der Laufseele befindet. Diesen sogenannten Offset kann jeder Jäger an seiner Waffe selbst ermitteln, indem er mit einem Lineal die entsprechende Distanz ausmisst – Mitte Lauf zu Mitte Zielfernrohr. Meist sind dies fünf bis sechs Zentimeter und bei kombinierten Waffen auch einmal acht bis zehn Zentimeter. Das ist dann auch der Tiefschuss, der sich auf den ersten 20 bis 30 Metern ergibt, wenn mit vier Zentimetern Hochschuss auf 100 m eingeschossen wird.
2. **Nahfleckschussentfernung:** Das ist der Punkt, an dem das Geschoss, von unten kommend, die Visierline das erste Mal schneidet. In der Regel befindet sich dieser Punkt bei etwa 50 Metern Schussentfernung.
3. **Gipfel der Flugbahn:** Der Begriff bezeichnet den Punkt der maximalen Flugbahnerhöhung des Geschosses zur Visierline. Diese vier Zentimeter Höhen-

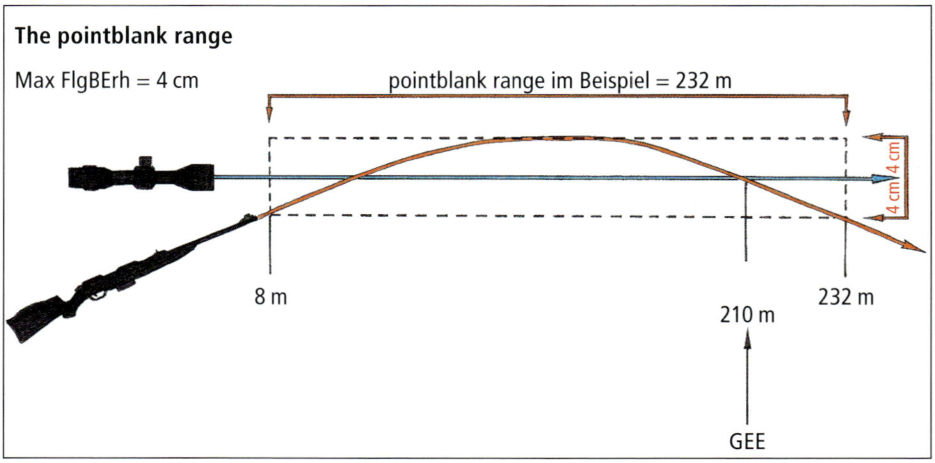

Die Point Blank Range

Die auf der Munitionsverpackung stehenden ballistischen Daten müssen aus der eigenen Waffe überprüft werden.

abweichung erreichen Geschosse, je nach Kaliber und Ladung, im Bereich zwischen 90 bis 150 Metern Entfernung.

4. **Fernfleckschussentfernung (GEE):** Bezeichnet die Distanz zum zweiten Schnittpunkt der Geschossflugbahn mit der Visierlinie.
5. **Reichweite** oder **Maximum Point Blank Range (MPBR):** Hierunter versteht man die Entfernung, bei der die Geschossflugbahn vier Zentimeter unter die Visierline abfällt. Bis zu dieser Schussentfernung kann demnach noch ein Schuss angetragen werden, ohne den Haltepunkt zu verändern. Die genaue Kenntnis dieser Entfernung ist unerlässlich, um tierschutzgerechte Schüsse anzubringen.

Vier Zentimeter Hochschuss

Das Ermitteln der beschriebenen Punkte kann exakt nur mittels Kontrollschießen erreicht werden. Viele Jäger schießen jedoch der Einfachheit halber die Waffe standardisiert mit vier Zentimeter Hochschuss auf 100 Meter Entfernung ein und erreichen damit annähernd das Einschießen auf GEE. Die Angaben auf der Munitionsverpackung sind ebenfalls nur Anhaltswerte und weichen in der Regel bei jeder Waffe etwas ab. Es hat sich jedoch gezeigt, dass mit vier Zentimeter Hochschuss auf 100 Meter für die jagdliche Praxis bei den meisten Situationen eine zufriedenstellende Treffpunktlage erreicht wird.

Battlefield Zero

Der Begriff Battlefield Zero taucht ebenfalls gelegentlich auf, wenn es um das Einschießen von Waffen geht. Er hat zunächst einmal nichts mit dem Einschießen auf GEE zu tun, sondern kommt aus dem militärischen Bereich. Diese Justiermethode hat zum Ziel, die maximale Reichweite einer Waffe in Abhängigkeit von der Größe des zu beschießenden Ziels ohne eine Visierverstellung oder Haltepunktveränderung zu erreichen. Entscheidend ist dabei die letale Trefferzone des Zieles. Das Geschoss soll auf der gesamten Flugbahn die halbe Höhe der tödlichen Zone nicht verlassen, damit immer die Mitte des Ziels anvisiert werden kann. Geht man bei einem Reh von einer tödlichen

Trefferzone von fünfzehn Zentimetern Durchmesser aus, darf die Geschossflugbahn also maximal sieben bis acht Zentimeter von der Visierline abweichen. Damit ist dieses Konzept mit dem der GEE durchaus vergleichbar. Da der Scheitel der Flugbahn aber deutlich weiter als 100 Meter liegt, ist es auf normalen Schießständen nicht so einfach einzuschießen wie die GEE-Methode. Im militärischen Bereich werden die Trefferzonen deutlich größer definiert.

„FLECK"-EINSCHIESSEN

Für diese Variante benötigt der Schütze ballistische Kenntnisse und eine höhere Aufmerksamkeit vor der Schussabgabe. Während bei der ersten Einschieß-Variante (GEE) lediglich vom Schützen die Einhaltung der Reichweite beachtet werden muss, sind die Abläufe bei einer auf 100 Meter Fleck einzuschießenden Waffe umfangreicher und daher auch anfälliger für Fehler durch den Schützen.

Bei Schussentfernungen bis 100 Meter muss der Schütze keine Korrekturen vornehmen, er muss lediglich den Tiefschuss auf Entfernungen unterhalb der 100 m beachten. Eine genaue Kenntnis der Geschossflugbahn ist – nicht nur in diesem Fall – ein absolutes Muss. Oberhalb seiner Einschießentfernung muss der Schütze dann entweder den Haltepunkt korrigieren oder aber das Absehen des Zielfernrohrs auf die entsprechende Entfernung einstellen. In welchem Maß diese Korrektur erfolgen muss, ist abhängig von der verwendeten Laborierung sowie der genauen Schussdistanz und kann nach Ermittlung der Schussentfernung mittels Ballistik-Tabellen oder -rechner ermittelt werden. Hierzu ist es unabdingbar, dass der Schütze die exakte Mündungsgeschwindigkeit seiner Waffen-Munition-Kombination im Vorfeld ermittelt hat oder eine Schusstafel (Trefferbild beginnend bei 50 Meter in 25 oder 50 Meter Schritten aufwärts) mit seiner Waffen-Munition-Kombination angefertigt hat.

Zur üblichen Vorbereitung gehört das Anfertigen einer Ballsitiktabelle. So weiß der Schütze, wie seine Waffe-Munition-Kombination auf verschiedene Distanzen schießt.

Aufgrund des Geschossabfalls unterscheiden sich Halte- und Treffpunkt auf größere Distanzen.

Haltepunktkorrektur

Der Haltepunkt kann auf drei Weisen korrigiert werden:

Verlegen des Haltepunktes: Dazu müssen Schussdistanz und Flugbahn der verwendeten Munition bekannt sein. Die anzuwendende Höhenkorrektur unternimmt der Schütze mit einem höheren Anhalten im Moment der Schussabgabe. Als Referenzgröße für das Maß des höheren Anhaltens steht dem Schützen eigentlich nur das anvisierte Stück Wild zur Verfügung. Bei einem Stück Rehwild beträgt die Körperhöhe (Brustbein bis Rücken) etwa 25 cm. Hat die Munition nun eine Abweichung von 15 cm auf die gewählte Distanz, hält der Schütze knapp über der Rückenlinie (halbe Körperhöhe 12,5 cm) an und hat somit die Treffpunktverlagerung kompensiert. Folgende Körperhöhen können bei unseren Schalenwildarten angenommen werden: Rehwild 25 cm, Gamswild 30 cm, Schwarzwild 40 bis 50 cm, Rotwild 50 bis 60 cm. Entscheidender Nachteil dieser Methode ist die relativ große Ungenauigkeit.

Zielfernrohr-Zielmarken, ballistische Absehen: Von ballistischen Absehen, die mit Zielmarken arbeiten, sei hier beispielhaft ein MilDot-Absehen genannt. Die Dot's (Englisch für Punkt) sind 0,1 Mil groß und die Abstände von Dot zu Dot entsprechen 1 Mil. Auf 100 Meter Schussentfernung entspricht ein Mil zehn Zentimeter Treffpunktverlagerung. Auf 200 Meter entspräche demnach ein Mil 20 Zentimeter. Mithilfe dieser Marken im Zielfernrohr kann sich der Schütze behelfen und den Haltepunkt für die entsprechende Entfernung auswählen. Es gibt eine Reihe verschiedener ballistischer Absehen. Allen gemein ist, dass der Schütze sie genau kennen und beherrschen muss, bevor er sie auf der Jagd verwenden kann. Dementsprechend viel Wissen über die Abseheneigenschaften, die Entfernung und die ballistische Flugkurve der Munition sowie entsprechend viel Übung im Umgang damit sind hierfür erforderlich. Die Korrektur des Haltepunktes über das Absehen wird auf der Jagd am ehesten angewendet, wenn der Jäger eine militärische Schießausbildung oder Long-Range-Erfahrung hat. Diese Methode ist sehr präzise und vor allem wiederholgenau und dem einfachen „Drüberhalten" in Sachen Präzision und Waidgerechtigkeit überlegen.

Einstellen der Haltepunktkorrektur mittels ASV: Mittlerweile haben sich bei fast allen Zieloptikherstellern schnelle Verstellmöglichkeiten für das Absehen, zumindest Höhenverstellung, durchgesetzt. In aller Regel funktionieren diese analog der Absehenverstellung, also in MOA (Minute of Angle = Winkelminuten) oder Mil. Ist die Entfernung zum Ziel und die ballistische Flugkurve der Munition bekannt, kann mittels Tabelle oder App die Klickanzahl am Zielfernrohr schnell verstellt werden. Einige Hersteller von Entfernungsmessern hinterlegen auch schon die ballistischen Daten, so dass nach der Entfernung auch gleich die erforderliche Korrektur in Klicks angezeigt wird. Alternativ dazu gibt es austauschbare Ringe für die Absehenschnellverstellung, die ebenfalls auf die jeweilige Ballistik abgestimmt sein müssen und die statt Klicks gleich die Entfernung eingraviert haben. Theoretisch dreht der Schütze nach Ermittlung der Entfernung die ASV auf die gemessene Entfernung und die Kor-

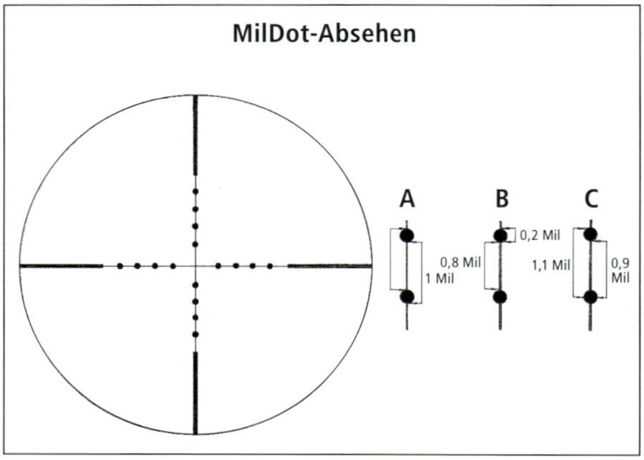

Verwendet der Schütze ein ballistisches Absehen, kann er eine exakte Haltepunktverlagerung vornehmen.

rektur ist erfolgt. Modernste Zieloptiken verfügen über integrierte Entfernungsmesser oder können mit einem LEM (Laser-Entfernungsmesser) gekoppelt werden. Nach Ermittlung der Distanz zum Ziel leuchtet im Zielfernrohr ein roter Punkt am zur Entfernung passenden neuen Haltepunkt auf. Somit kann der Schütze den roten Punkt auf den Punkt des gewünschten Treffersitzes platzieren und das Geschoss sollte an diesem Punkt dann auch einschlagen.

Grundsätzlich sollen die genannten Verstellmöglichkeiten des Absehens dem Jäger das Finden des korrekten Haltepunktes erleichtern. Unerlässlich sind jedoch das korrekte Einschießen und Kontrollieren der ballistischen Daten der Munition auf der Schießbahn. Ebenso entbinden diese technischen Hilfsmittel den Jäger nicht davon, ein Mindestmaß an ballistischen Kenntnissen zu besitzen. Die Verstellmöglichkeiten befähigen auch nicht automatisch dazu, präzise Schüsse über die Reichweite der Maximum Point Blank Range hinaus abzugeben. Alle genannten technischen Möglichkeiten können das Wissen rund um den Schuss sowie regelmäßiges Schießtraining auf unterschiedliche Distanzen nicht ersetzen.

Absehenschnellverstellungen müssen nach der Schussabgabe unbedingt wieder auf die Einschießentfernung, in der Regel die 100 Meter, zurückgedreht werden. Hier lauert ansonsten eine Fehlerquelle für den nächsten Schuss!

Mittels Absehenschnellverstellung können Zielfernrohre im Gelände auf unterschiedliche Distanzen eingestellt werden.

EINSCHIESSEN DES SETUPS

Neben dem regelmäßigen Übungsschießen sollte der Jäger seine Waffe kontrollieren und die Treffpunktlage in folgenden Situationen ggf. justieren:

— Erste Benutzung der Waffe
— Verwendung einer neuen Zieloptik
— Neukauf von Munition
— Chargenwechsel von Munition
— Stärkeren Schlägen auf Visierung oder Montage
— Verwendung der Waffe in Jagdgebieten mit anderer Höhenlage
— Starke Beanspruchung des Schaftes

PRÄZISIONSFAKTOREN

Beim Kontrollschießen bzw. Einschießen geht es nicht um die Simulation von jagdlichen Situationen, sondern rein darum, die Visierung auf die Waffe zu justieren. Äußere Faktoren wie Wind, starke Sonneneinstrahlung und Schützenstreuung sollten dabei möglichst ausgeschaltet werden.

ZUR GESAMTHEIT DER SCHIESSTECHNIK GEHÖREN DREI PHASEN:

1. Vor dem Schuss: Schießposition (sitzend, kniend, liegend), NPA (Natural Point of Aim), Haltepunkt (Winkel/Entfernung), Auflagepunkte (bestenfalls Vierpunktauflage).
2. Im Schuss: Ziel halten, Atemkontrolle, Abzugskontrolle.
3. Nach dem Schuss: Nachhalten (im Ziel bleiben), Rückschlagkontrolle, Abkommen (Sitz des Absehens bei der Schussabgabe), Analyse (wer trifft, hat recht).

Alle Punkte zusammengefasst ergeben eine optimale Schießtechnik mit reproduzierbaren Schießergebnissen.

Wind und Sonneneinstrahlung lassen sich durch die Wahl des Schießortes ausschließen, die Schützenstreuung allerdings nicht. Nur wenn der Schütze folgende Punkte beachtet, kann auch von einem möglichst fehlerfreien Schießen ausgegangen werden.

— Stabile, bei jedem Schuss gleiche Waffenauflage
— Stabiler Anschlag und spannungsfreie Körperhaltung
— Korrekte Schießtechnik (ruckfreie Abzugsbetätigung, Nachzielen)

Ein häufiger Grund für schlechte Schussergebnisse sind mangelnde Fähigkeiten beim Schützen. Es mangelt etlichen Jägern an der notwendigen Sicherheit, die genannten Punkte, speziell unter Stress, umzusetzen. Diese Fehlerquelle wird allerdings häufig gar nicht als solche erkannt, so dass nach einem schlechten Schuss der Büchsenmacher oder ein Schießtrainer damit beauftragt wird, einen Kontrollschuss oder das Einschießen der Waffe zu übernehmen. Mit der Gewissheit, dass die Justierung der Waffe dann professionell durchgeführt wurde, hat der Jäger dann diesen Unsicherheitsfaktor nicht mehr im Hinterkopf und mit dieser notwendigen Sicherheit kann er sich dann voll auf die weiteren Punkte bei der Schussabgabe konzentrieren. Die grundsätzlichen Schießtechnikfehler bzw. mangelnden Fähigkeiten werden dadurch aber nicht eliminiert. Die Themen Einschießen oder Kontrollschießen sind keinesfalls zu vernachlässigen. Jede Jägerin und jeder Jäger sollte in der Lage sein, mit seiner Waffe ein brauchbares Trefferbild zu produzieren. Ein regelmäßiger Treffernachweis sollte meiner Meinung nach für die Jagdausübung Voraussetzung sein.

WAFFENAUFLAGE

Die auf vielen Schießständen vorgehaltenen Schießgestelle bringen meist keine verlässlichen Treffer und sollten nicht benutzt werden. Besser geeignet sind Sandsäcke in unterschiedlicher Ausformung oder für den Vorderschaft geeignete höhenverstellbare Gewehrauflagen mit kleinen Sandsäckchen. Alternativ kann für den Vorderschaft auch ein Zweibein benutzt werden.

Am Vorderschaft angebrachte Zweibeine bieten große Stabilität in puncto Waffenauflage.

Die auf Schießständen häufig vorhandenen Schießgestelle sind nicht optimal. Deutlich bessere Auflagen sind mit Sandsäcken möglich.

Zur Stabilisierung des Hinterschafts bzw. der Schulterstütze sollte ein kleines Sandsäckchen genutzt werden. Die Position des hinteren Säckchens wird zur Höhenkorrektur mit der Führhand am Hinterschaft positioniert. Eine so eingebettete Waffe ist der Grundstein für ein präzises Kontrollschießen.

ANSCHLAG UND KÖRPERHALTUNG

Der Anschlag muss so gewählt werden, dass der Schütze entspannt (d. h. frei von Muskelspannung) so hinter der Waffe sitzt, dass diese automatisch auf den Haltepunkt ausgerichtet ist. Die Füße sind dabei ebenfalls entspannt mit der ganzen Sohle auf dem Boden. Der Körper sollte zum Anschlag hingedreht werden, also nicht rechtwinklig zur Schussrichtung ausgerichtet sein. Ein Rechtsschütze dreht sich dabei etwas nach rechts, ein Linksschütze dementsprechend nach links. Die Haltung muss deshalb so entspannt wie möglich sein, weil sich durch den Schussimpuls sonst Spannungen im Körper auf die Waffe übertragen können. Die Schießhand umfasst unverkrampft den Schaft/Pistolengriff der Waffe, die Unterstützungshand das hintere Sandsäckchen. Diese Hand kann so die Höhenkontrolle der Waffe übernehmen und durch Zusammendrücken oder leichtes Lösen des Griffs am Sandsäckchen die Höhe exakt tarieren. Die Unterstützungshand kann auch unter den Vorderschaft gelegt und so durch leichtes Zusammendrücken eine Höhenkorrektur vorgenommen werden. Hier gibt es kein Richtig oder Falsch, sondern nur Stabil oder Instabil. Dies kann von Schütze zu Schütze unterschiedlich sein, jeder muss für sich die Variante wählen, mit der er das beste Ergebnis erzielt. Erfahrungsgemäß werden die Anschläge der Schützen aber stabiler, wenn die Unterstützungshand den Hinterschaft unterstützt und nicht vorne auf dem Lauf, Vorderschaft oder auf das Zielfernrohr drückt.

Auch am Hinterschaft leisten Sandsäckchen hinsichtlich der Auflage gute Dienste.

Atmung

Neben einer entspannten Körperhaltung ist die Atemkontrolle ein weiterer Punkt, der zu präziseren Schussergebnissen auf weite Entfernungen führt. Der Herzschlag des Schützen kann auf die Waffe übertragen werden und zu der beobachtbaren Schützenstreuung beitragen. Um diesen Faktor möglichst zu reduzieren, sollten man komplett ausatmen: Eine ausgeatmete Lunge ist eine Art Position am Anschlag und wiederholbar. Zu üben ist, immer aus der gleichen Atemposition und, im Idealfall, zwischen zwei Herzschlägen zu schießen.

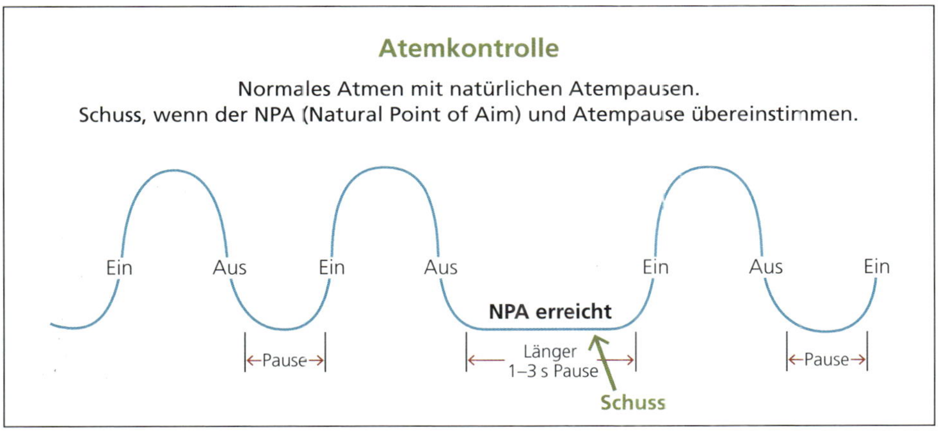

Der Schuss sollte in dem Moment fallen, wenn der Schütze ausgeatmet hat.

Natural Point of Aim

Um den Anschlag zu überprüfen, gibt es eine einfache Methode, die als Natural Point of Aim bezeichnet wird. Hierbei geht der Schütze in den Anschlag und führt das Absehen auf die Zielmitte. Dann schließt er die Augen und atmet aus. Anschließend werden die Augen wieder geöffnet: Das Absehen sollte sich nach wie vor in der Mitte des Ziels befinden. Tut es das nicht, ist der Anschlag noch nicht korrekt und spannungsfrei, er muss also korrigiert werden. Danach erfolgt eine erneute Überprüfung. Mit zunehmender Anzahl an Übungsdurchgängen bekommt man ein Gefühl für einen korrekten Anschlag und die Bewegungsabläufe, die zu einem solchen führen. Sie werden von den Muskeln ins Muskelgedächtnis übernommen und Anschläge sowie Trefferergebnisse damit zunehmend präziser. Präzision ist letztlich nichts anderes als Wiederholgenauigkeit. Diese Überprüfung sollte in jeder erdenklichen Anschlagsart und von allen erdenklichen Schießauflagen vorgenommen werden.

ABZUGSKONTROLLE

Selbstverständlich sind der korrekte und spannungsfreie Anschlag sowie die Atemtechnik nur ein Teil der Schießtechnik. Ausschlaggebend für das Treffen oder Nichttreffen ist vor allem auch die Bewegung des Schießfingers. Die zentrale Aufgabe ist es hierbei, den Schießfinger abzukrümmen, ohne dabei weitere Bewegung oder Spannung auf den Schaft zu übertragen und so die Visiereinrichtung von ihrem Haltepunkt abzubringen. Die Schießhand umfasst daher den Griff der Waffe ohne jegliche Kraft, sondern liegt praktisch nur auf dem Schaft auf. Bevor sich das Absehen im Ziel befindet, liegt der Schießfinger ausgestreckt am Schaft an. Sobald das Absehen auf dem Ziel ist, nimmt der Abzugsfinger mit dem Abzug Kontakt auf, ohne Druck auszuüben – er liegt am Abzug an.
Diese Abzugskontrolle stellt den Kernpunkt eines bewussten Schießvorganges dar, wobei der Fokus des Schützen auf der Visiereinrichtung liegen und die Betätigung des Abzugs eine untergeordnete Rolle spielen sollte.

Eine möglichst entspannte Haltung des Schützen führt zu reproduzierbaren guten Trefferbildern.

Warum ist das so? Wenn sich im Augenblick der Schussabgabe die Visiereinrichtung auf dem gewünschten Haltepunkt befindet, wird das Geschoss entsprechend genau diesen Haltepunkt treffen. Das „sich vom Schuss überraschen lassen" widerspricht im ersten Augenblick zwar dem Begriff einer kontrollierten Schussabgabe, erreicht aber das Ziel häufig besser, als dies eine bewusste Schussabgabe tut. Der Impuls „jetzt" (im Sinne von „jetzt will ich schießen") führt häufig zu einem unkontrollierten Reißen am Abzug und dann eher zu einer zufälligen Trefferplatzierung. Im besten Fall kennt der Schütze durch viel Übung seinen Abzug derart gut, dass er weiß, bei welcher Art von Druck der Schuss wann genau bricht. Nur dann ist eine Auslösung auf Kommando möglich. Nichts entbindet den Schützen aber davon, seine Visiereinrichtung auf dem Haltepunkt zu halten, um diesen entsprechend treffen zu können – egal wie stark oder leicht der Widerstand ist, der beim Abziehen überwunden werden muss.

Im Endeffekt ist der Ablauf wie folgt: Durch bewusstes und geradliniges Zurückführen des Abzugsfingers wird der Druck am Abzug gleichmäßig und ruckfrei so weit erhöht, bis der Schuss bricht. Dieser Vorgang kann sehr gut zu Hause mittels einer Pufferpatrone geübt werden, indem sich der Schütze ausschließlich auf die Lage seines Absehens auf einem möglichst kleinen Haltepunkt (z. B. an der Wand) konzentriert. Durch regelmäßiges Üben prägt sich der Abzugswiderstand und die Charakteristik des Abzugs auch ins Muskelgedächtnis ein, so dass der Schütze seinen Abzug genau kennt. Bei der Betätigung des Schießfingers sollten die restlichen Finger und die Hand keinerlei Bewegungen machen, da sich diese auf die gesamte Schießplattform auswirken.

Das Einzige, was sich bewegt, ist der Abzugsfinger. Das Absehen muss dabei auf dem Haltepunkt bleiben. Auch dies kann mit verschiedenen Arten des Trockentrainings erreicht werden. Eine einfache Übung funktioniert mit einem Blei- oder Buntstift. Er wird mit dem Schießfinger zurückgeschoben, ohne Hand oder weitere Finger zu bewegen oder zu verkrampfen.

Mit einem einfachen Stift kann das richtigen Abziehen trocken trainiert werden.

JUSTIEREN DER VISIERUNG

Wurde mit der zuvor erläuterten Methode die mittlere Treffpunktlage ermittelt, kann nun deren Korrektur über das Justieren der Visierung erfolgen. Im abgebildeten Beispiel sitzt der mittlere Treffpunkt für „Fleck“ um zwei Zentimeter zu hoch und um zwei Zentimeter zu weit links. Um nun die Waffe darauf zu justieren, muss noch die Verstelleinheit der Optik bekannt sein. In aller Regel steht diese als kleiner Hinweis an den Verstelltürmen des Absehens. In der Regel sind die Einheiten entweder Mil/mrad oder MOA.

Die horizontale Korrektur wird am seitlichen Ballistikturm vorgenommen. Die Windkorrektur wäre auch möglich, wird aber besser über „gegen den Wind“ Halten praktiziert.

MIL, MRAD

Im deutschsprachigen Raum hat sich die Einheit Mil etabliert, da sie auf dem metrischen System fußt. Dabei ist ein Milliradiant (kurz: Mil) ein Tausendstel der gemessenen Strecke, sprich auf 100 Meter entspricht ein Mil zehn Zentimeter (100 m/1000 = 0,1 m = 10 cm). Der Radiant verhält sich dabei proportional, das bedeutet: Bei einer Verdopplung der Strecke verdoppelt sich der Radiant, also 1 Mil = 20 cm auf 200 m. Bei der Justierung des Absehens bedeutet dies somit in aller Regel: **1 Klick = 1 cm auf 100 Meter.**

MOA

Im angelsächsischen Raum hat sich, bedingt durch andere Längeneinheiten, die Einheit MOA durchgesetzt. Sie steht für Minutes of Angle (Winkelminute). Dabei entspricht 1 MOA auf 100 Yard Entfernung etwa 1" (one inch auf 100 Yard). Auf das metrische System umgerechnet, entspricht dies auf 100 Meter einer Verstellung von etwa 2,9 cm. Häufig sind auf den Absehenverstellungen die Angaben ¼ MOA oder ½ MOA pro Klick zu finden. Dies entspricht dann bei ¼ MOA: **1 Klick = 0,73 cm auf 100 Meter.** Im genannten Beispiel mit einer Visiereinstellung in der Einheit Mil wird die Verstellung um 2 Klicks nach unten und 2 Klicks nach rechts vorgenommen und die Waffe sollte dann auf 100 Meter Fleck eingeschossen sein. **Merksatz:** Es wird immer in die Richtung gedreht, in die der Treffpunkt wandern soll. Bei einem Tiefschuss drehen wir also nach oben. Liegt die Treffergruppe zu weit links, wird nach rechts gedreht.

RECHTLICHE LAGE ZUM AN- UND EINSCHIESSEN

§13 Abs. 6 Satz 1 WaffG regelt das An- und Einschießen von Waffen durch Jäger im Revier. In dem Jagdbezirk, in dem der Jäger eine Jagdausübungsberechtigung hat, darf er seine Waffe an- und einschießen. Anschießen bedeutet die Kontrolle der Treffpunktlage. Da dies immer mehrere Schüsse benötigt, gibt es auch keine Begrenzung der Schusszahlen. Einschießen ist ein deutlich intensiverer Vorgang (Ermittlung der Treffpunktlage, Justierung der Visierung, Überprüfung der neuen Treffpunktlage und ggf. weitere Justierung usw.). Insgesamt gibt es keine Schusszahleinschränkung im WaffG. So gut es ist, seine Rechte zu kennen, so sinnvoll kann es sein, diese nicht immer voll auszuschöpfen und sich beim An- und Einschießen im Revier freiwillig bzgl. der Schusszahl zu beschränken. Rasch gerät sonst die Jägerschaft unnötigerweise in ein schlechtes Licht. Weitere Rahmenbedingungen, wie sicherer Kugelfang in gewachsenem Boden, seitliche Abschirmung, Abstand zu Siedlungen usw. sollten selbstverständlich sein.

ANSCHLAG

Auf der Jagd, speziell bei der Pirschjagd, muss in unterschiedlichen Situationen geschossen werden. Der Schütze sollte deshalb mehr als nur die klassische Schießstandhaltung im Sitzen beherrschen und regelmäßig trainieren. Vor allem bei der Pirschjagd kommen wechselnde Anschläge und Bewegungsabläufe häufig vor. Aber auch bei der Ansitzjagd, von einer Kanzel aus, sind die Situationen nie vollkommen identisch.

Im Vergleich aller Anschläge ist der liegende Anschlag am stabilsten.

Wenn beispielsweise das Wild plötzlich hinter der Kanzel steht, muss die sitzende Position aufgegeben werden und knieend oder sogar stehend geschossen werden. Grundsätzlich gilt: Je tiefer, desto stabiler ist der Anschlag. Der Anschlag im Liegen ist somit in aller Regel die stabilste und damit auch präziseste Anschlagsvariante. Gegensätzlich dazu ist der stehende sowie freihändige Anschlag die instabilste Option. Die Muskeln des Schützen müssen hierbei nicht nur den Körper stützen, sondern auch noch die Waffe möglichst ruhig halten. Feine Muskelbewegungen führen in diesen Fällen zu einem relativ „wackeligen" und labilen Anschlag.

GRUNDSÄTZE ZUM ANSCHLAG

Treffen ist die Folge von richtigen Entscheidungen und richtigen Handlungen – reproduzierbare Schießleistungen sind das Ergebnis, vorausgesetzt der Schütze beherrscht die erforderliche Technik und kann diese in unterschiedlichen Situationen anwenden. Es wird also eine Transferleistung benötigt, um beispielsweise die Anschlagstechnik vom Schießstand in die jeweilige Jagdsituation übertragen zu können.

Idealerweise verfügt man beim statischen Schuss über eine Vier-Punkt-Auflage:

1. Vorderschaft
2. rechter Ellenbogen
3. linker Ellenbogen
4. Hinterschaft

Vom Idealanschlag kommt es aber situationsbedingt immer wieder zu Abweichungen. Trotzdem muss der Schütze versuchen, dem bestmöglichen Anschlag möglichst nahe zu kommen und dazu auch Hilfsmittel einzusetzen. Bei der Körperhaltung gelten ebenfalls einige Grundsätze für jede Anschlagsart. Dazu zählen die Faktoren Stabilität, Natürlichkeit und Konditionierung bei der Umsetzung der Körperhaltung.

Stabilität: Sie ist gegeben, wenn der Rückstoß problemlos aufgefangen wird und die Position vor, während und nach dem Schuss nicht verändert werden muss.

Natürlichkeit: Hierunter versteht man, dass der Schütze die Haltung möglichst ermüdungsfrei und unverkrampft einhält und die Waffe komfortabel handhaben kann.

Konditionierung: Durch Konditionierung kann der Schütze intuitiv und mühelos in jeder Situation die Anschlagsstellung wieder einnehmen.

Um diese drei Faktoren zu erreichen, ist das Training der Körperhaltung zur Schussabgabe ein entscheidender Faktor. Folgende Reihung ist für eine präzise Schussabgabe entscheidend:

1. Den eigenen Körper möglichst stabil halten (liegend besser als sitzend oder als stehend)
2. Vorderschaftauflage
3. Ellenbogen der Schießhand auflegen
4. Ellenbogen der Führhand stabilisieren
5. Hinterschaft stabilisieren

In der Jagdpraxis werden situationsbedingt unterschiedliche Anschlagsarten angewendet. Für jede von ihnen gibt es jedoch ein

---

Um die unterschiedlichen Anschläge bei der Pirschjagd schnell und sicher umsetzen zu können, genügt das reine Schießstandtraining nicht aus. Damit die verschiedenen Situationen im jagdlichen Alltag mit einem stabilen Anschlag beantwortet werden können, ist ein angepasstes Training unerlässlich. Dazu kann zu Hause im Trockentraining mit Pufferpatronen geübt werden. Platzieren Sie dazu ein kleines Ziel an einer Wand und visieren Sie dies in unterschiedlichen Anschlägen an. Achten Sie darauf, dass sie möglichst wenig Bewegung im Zielfernrohr registrieren. Gelegentlich ist aber auch eine Trainingseinheit mit scharfer Munition im Revier unerlässlich. Hier können Sie die verschiedenen Anschläge auf unterschiedliche Entfernungen in realer Umgebung trainieren. Beachten Sie dabei aber bitte die Hinweise im zuvor platzierten Infokasten „Rechtliche Lage zum An- und Einschießen".

---

paar Grundregeln. Werden diese berücksichtigt, kann die Präzision erheblich erhöht werden.

ANSCHLAG IM STEHEN

Der stehende Anschlag kommt auf der Pirsch am häufigsten vor. Dabei wird zwischen freihändig, angestrichen und aufgelegt unterschieden. Die Stabilität der Varianten nimmt in dieser Reihenfolge zu. Mangels Übung können die wenigsten Jäger stehend freihändig ein verlässliches Trefferbild auf 50 Meter Entfernung produzieren. Dagegen sind die Ergebnisse beim angestrichenen Anschlag auf 100 Meter in aller Regel akzeptabel. Mit einem entsprechenden Zielstock sind dann aufgelegte Schüsse auf 200 Meter selten ein Problem. Freihändige Schüsse kommen am ehesten auf bewegte Ziele vor, bei dem mit dem Ziel mitgeschwungen werden muss. Bei der Pirsch ist freistehend und angestrichen in aller Regel eher eine unplanmäßige Aktion, da zur Grundausrüstung des Pirschjägers ein Pirschstock, der gleichzeitig ein Zielstock ist, gehört.

Auch wenn die im Folgenden beschriebenen Anschläge im Knien, Sitzen oder Liegen normalerweise deutlich mehr Stabilität und Präzision versprechen, hat der stehende Anschlag den unbestrittenen Vorteil, dass die Schießposition im Gelände relativ hoch ist. Damit ist die Gefahr von Sichtbehinderung und Geschossablenkung durch Vegetation geringer und der Schusswinkel und damit der Kugelfang ist, wenn auch nur geringfügig, besser. Bei erforderlichen Positionswechseln hat der stehende Schütze einen erheblichen Zeitvorteil, weil er sich nicht erst wieder aufrichten muss, sondern umgehend den Standplatz optimieren kann.

Stehend freihändig

Diese instabilste Anschlagsart wird genau aus diesem Grund am seltensten angewandt und daher auch am wenigsten geübt. Trotz-

Der stehend freihändige Anschlag ist nur mit ausreichender Übung auf der Jagd zu verantworten.

Sieht seltsam aus, ist aber stabil. Diese Variante des stehenden Anschlags erinnert an die Haltung von Biathleten.

dem sind mit entsprechender Übung auf 100 Meter verwertbare Trefferbilder möglich. Die Beine des Schützen stehen idealerweise etwa schulterbreit auseinander, der Körperschwerpunkt liegt genau dazwischen. Der Körper wird möglichst frontal zum Ziel ausgerichtet und zwei Drittel des Körpergewichts ruhen auf den Fußballen. Die Schießhand hält die Waffe am Griff. Der Arm der Führhand ist dabei möglichst ausgestreckt, die Führhand liegt also weit vorn am Schaft.
Alternativ kann sich an der Haltung von Biathleten orientiert werden. Die Sportler müssen über eine sehr saubere und wiederholgenaue Schießtechnik verfügen, da ihnen die Zeit fehlt, lange über ihre Schießpositionen nachzudenken. Die von ihnen angewandten Prinzipien sollten wir Jäger uns daher zunutze machen. Biathleten haben einen anderen freihändigen Anschlag. Sie stehen mit dem Körper 90 Grad gedreht zum Ziel. Dabei ist die Schulter der Führhand vorne. Die Hüfte ist leicht nach vorn abgeknickt. Auf der leicht nach vorn geknickten Hüfte stützt der Ellenbogen des Führarms. Somit hat der Vorderschaft eine stabilere Unterlage. Mit der Schießhand wird der Hinterschaft in die Schulter eingezogen. Diese Anschlagstechnik erfordert zwar sehr viel Training, präzise Schießergebnisse sind dann jedoch reproduzierbar.

Der stehend angestrichene Anschlag wird in der Jagdscheinausbildung regelmäßig trainiert.

Stehend angestrichen

Diese Art des Anschlags im Stehen besitzt deutlich mehr Stabilität, da ein dritter Kontaktpunkt zum Boden vorhanden ist. Ein Baum bildet auf der Pirschjagd meist den Mittelpunkt des Anschlags. Der Körper des Schützen steht mit leichter Vorneigung, frontal ausgerichtet dahinter, die Beine stehen schulterbreit auseinander. Mit der Führhand wird eine individuelle Abstützung des Vorderschafts am Baum vorgenommen. Die Ellenbogen haben keine Abstützung, einer kann eventuell mittels taktischem Gewehrriemen unterstützt werden.
Ein möglichst spannungsfreier angestrichener Anschlag ermöglicht sichere und präzise Schüsse auch über 100 Meter Entfernung hinaus – vorausgesetzt diese Haltung wurde regelmäßig geübt. Da in den meisten Jägerprüfungen nach Prüfungsordnung der angestrichene Schuss verlangt wird, bieten die Schießstände für diesen Anschlag auch entsprechend präparierte Schießbahnen an.

Stehend aufgelegt

Die stabilste Anschlagsvariante im Stehen ist gegeben, wenn das Gewehr auf einer Unterlage auflegt werden kann. Eine solche Auflage mag ein Siloballen, Holzpolter,

Felsen oder auch Schießstock sein. Durch das Auflegen wird die Bewegung des Vorderschafts beinahe vollständig eliminiert. Der Schütze hat dann die Stellung wie zuvor beschrieben einzunehmen und Schüsse weit über 100 Meter sollten keinerlei Problem darstellen. Eine Sonderform dieses Anschlages entsteht bei Verwendung eines Zielstocks. Mittlerweile in vielen praxisgerechten Varianten verfügbar, hat sich die Option mit Stabilisierungsschnur als Präzisionsgarantie herauskristallisiert. Vorder- und Hinterschaft werden dabei auf den zweibeinigen Zielstock aufgelegt. Die Schlinge der Stabilisierungsschnur läuft unter einem Fuß des Schützen hindurch und ist am oberen Teil des Stockes festgemacht. Bei gespannter Schnur drückt der Hinterschaft der Waffe praktisch wie von selbst gegen die Schulter des Schützen. Auch ohne Ellenbogenstabilisierung können mit dieser Variante leicht Trefferbilder mit Streuungen unter zwei MOA auf 200 Meter produziert werden. Im Kapitel „Ausrüstung“ werden verschiedene Zielstockvarianten vorgestellt. Bei diesem Ausrüstungsgegenstand kommt es auf das Training und die individuellen Vorlieben des Schützen an. Wird beispielsweise der Zielstock gleichzeitig als Bergstock eingesetzt, sind manche Varianten schlicht ungeeignet.

Zielstöcke mit mehreren Auflagepunkten erlauben auch Schüsse auf größere Distanz.

ANSCHLAG IM KNIEN

Beim Anschlag im Knien liegt der Schwerpunkt des Schützen deutlich tiefer als beim stehenden Anschlag und die Stabilität des Systems ist dadurch erheblich größer. Idealerweise sitzt der Schütze auf einem seiner Füße und reduziert die Schwankungen des Körpers so zusätzlich. Die Führhand stützt den Vorderschaft und wird auf dem Oberschenkel, nahe dem Knie, mit dem Ellenbogen abgestützt. Beim Abstützen auf dem eigenen Körper sollte stets beachtet werden, dass der harte Ellenbogen nie auf der harten Kniescheibe abgestützt wird, sondern auf dem weichen Knorpelgewebe der Innenseite des Knies. Es gilt der Satz: Niemals Hartes mit Hartem abstützen. Die Gefahr, dass dann der Ellenbogen abrutscht, der Schütze verkrampft und dadurch Spannung ins System bringt, ist viel zu groß.

Stabilisierungshilfen

Der Vorderschaft der Waffe sollte so gut wie möglich beispielsweise mit einem Stativ, Dreibein oder sonstiger Schießhilfe abgestützt werden. Auch Wurzelstöcke oder Felsen können diese Funktion übernehmen, falls der Standort für eine Schussabgabe

Beim knienden Anschlag ohne Auflage ruht der Vorderschaft der Waffe in der Führhand.

Beispielsweise Felsen oder Baumstämme können zur Ablage des Vorderschafts genutzt werden. Somit ist die Hand frei und kann zur Stabilisierung des Hinterschafts genutzt werden.

Auch beim knienden Anschlag kann der Gewehrriemen als zusätzliche Unterstützung genutzt werden.

passt. Dies reduziert die ungewollten Bewegungen des Gewehrs deutlich, und die Führhand kann zur Unterstützung des Hinterschafts verwendet werden. Wenn es geübt wurde, kann der Schütze einen entsprechenden Gewehrriemen zur zusätzlichen Stabilisierung einsetzen. Was im militärischen und sportlichen Bereich weit verbreitet ist, findet bei der Jagd leider noch kaum Beachtung. Gleichwohl sollte sich der Jäger mit dieser weiteren Stabilisierungsoption beschäftigen. Vorteil des Anschlags im Knien sind die deutlich gesteigerte Stabilität sowie eine hohe Flexibilität bezüglich des Geländes und bei Grasbewuchs. Somit kann problemlos auf die üblichen Distanzen im Wald geschossen werden.

Die Qualität der Atemtechnik zeigt sich hierbei besonders, denn die etwas zusammengekauerte Haltung verstärkt die Bewegungen des Brustkorbes beim Atmen und damit die gesamte Bewegung in der Schießplattform. Daher sind ein gewisser Übungsgrad und eine fehlerfreie Abzugstechnik unbedingt notwendig.

GEWEHRRIEMEN ZUR STABILISIERUNG DER SCHIESSPOSITION

Beim Blick über den Tellerrand können auch wir Jäger immer wieder dazulernen und Verbesserungen sowohl bei Ausrüstung als auch der praktischen Tätigkeit übernehmen. So auch die Verwendung des Gewehrriemens als Unterstützung und Stabilisierung beim Anschlag – so wie Biathleten dies im liegenden Anschlag oder Soldaten beim Stehen oder Knien nutzen. Dabei wird mit dem um den Arm geschlungenen Gewehrgurt die Führhand unterstützt und deutlich mehr Stabilität erzeugt. Diese Gewehrgurtunterstützung sollte aber vor der Anwendung auf der Jagd unbedingt im Trockentraining geübt werden.

Die Knie dienen beim sitzenden Anschlag als Auflagepunkt für Arme bzw. Hände.

SITZEND AM BODEN

Vor allem im Gebirge kommt diese Anschlagsvariante vor, weil damit die Standschwierigkeiten in steilem Gelände umgangen werden. Wenn möglich, sollte wie beim knienden Anschlag der Vorderschaft mit einem dreibeinigen Schießstock oder einer sonstigen Unterlage stabilisiert werden. Dann kann die Führhand zusätzlich zur Stabilisierung des Hinterschafts benutzt werden. Ist keine Unterlage vorhanden, muss die Führhand, deren Ellenbogen auf dem Knie abgestützt wird, als Unterlage dienen. In beiden Fällen wird der Ellenbogen des Schießarms auf dem Knie abgestützt. Doch auch hier muss stets beachtet werden: Niemals Hartes mit Hartem abstützen!

Die sitzende Stellung erfährt noch weitere Stabilität in steilem Gelände, wenn der Schütze einen Rucksack trägt und sich mit diesem gegen den Hang anlehnen kann. In solch einer Position können präzise Schüsse auf weit über 100 Meter abgegeben werden. Voraussetzung ist aber immer, dass die Stellung mehrfach zuvor trainiert wurde und die Verspannungen des Körpers analysiert sowie aufgelöst wurden.

Kann sich der Schütze mit dem Rücken im Gelände anlehnen, gibt dies zusätzliche Stabilität.

Schneidersitz – vermeintliche Stabilität

Immer wieder werden in Jagdmagazinen verschiedene Anschläge vorgestellt – darunter auch der Anschlag im Schneidersitz. Dabei ruhen beide Ellenbogen auf den Knien und die Führhand unterstützt den Vorderschaft. Auf dem Foto sieht dieser Anschlag zunächst einmal sehr stabil aus. Da aber die Hüfte bzw. der Oberschenkel in der Hüfte keinen Endanschlag hat, wird diese Haltung keinesfalls eine stabile Schießplattform bilden können. Der Oberschenkel wird immer weiter nach unten gedehnt, so wie man mit viel Training auch irgendwann einen Spagat hinbekommt. Probieren Sie dies beim Trockentraining zu Hause aus und Sie werden erkennen, dass so keinesfalls eine ruhige Schießposition erreicht werden kann.

Der Anschlag im Schneidersitz sieht stabil aus, ist es aber keinesfalls!

LIEGENDER ANSCHLAG

Die stabilste Anschlagsart stellt der Anschlag in liegender Position dar. Unter Jägern ist diese Variante allerdings nicht sehr weit verbreitet. Das liegt zum einen an der Vegetation, die eine solch niedrige Schützenposition selten zulässt, zum anderen kommt es schnell zu fehlendem Kugelfang aufgrund der niedrigen Position des Schützen. Trotzdem sollte diese Variante so oft wie möglich genutzt werden, um möglichst präzise Schüsse abzugeben. Der Vor-

Ein guter liegender Anschlag ermöglicht sichere Schüsse weit über die 200-Meter-Marke hinaus.

Im liegenden Anschlag unterstützt die Führhand möglichst den Hinterschaft.

derschaft muss dabei jedoch regelmäßig unterbaut werden.
Das kann entweder mittels Rucksacks, Sandsacks oder idealerweise einem Zweibein (Bipod) erfolgen. Der Körper des Schützen ruht gerade und ohne Verschränkung bäuchlings hinter der Waffe. Die Beine liegen idealerweise komplett auf dem Boden auf, und die Füße werden so nach außen gedreht, dass die Fersen zueinander zeigen. Das ist die stabilste Grundposition. Wird der Hinterschaft noch mit der Führhand und einem Sandsack unterstützt, ist die stabilste Anschlagsart gewählt, die Schüsse weit über 200 Meter erlaubt.

BESONDERE SCHÜSSE

Unter bestimmten Umständen wird auf der Pirschjagd steil bergauf bzw. bergab geschossen oder auch weit über 100 Meter Entfernung – für die meisten Gebirgsjäger eine ganz normale Situation. Um dabei sicher zu treffen, sollten ein paar Dinge beachtet werden.

WEITSCHUSS

Unter dem Begriff Weitschuss versteht vermutlich jeder Jäger etwas anderes. Wenn der Gebirgsjäger bei über 200 Meter von weit spricht, benutzt der Waldjäger den Begriff oft schon bei 100 Meter Entfernung. Wie bereits erläutert, haben Schüsse auf weitere Distanz bei der Pirschjagd durchaus Vorteile. Aus diesem Grund sollte der Pirschjäger diese Option kennen und beherrschen. In der jagdlichen Schießausbildung haben sich über die Jahre hinweg entsprechende Definitionen eingebürgert:

- Schüsse bis 150 Meter Entfernung gelten als **Normalentfernung**. Es kann meist ohne Haltepunktkorrektur geschossen werden.
- Ab 150 Meter wird von Weitschüssen gesprochen. Je nach Büchse, Kaliber und Einschießart sind Haltepunktkorrekturen notwendig. Wind und Winkel müssen ebenfalls berücksichtigt werden, um exakte Treffer zu gewährleisten. Wind und Winkel spielen aber noch keine Rolle, die zu einer Abweichung zwischen Halte- und Treffpunkt führen würde.
- Schüsse auf Distanzen von über 300 Meter gelten als **extremer Weitschuss**. Solche Schüsse sind in der Regel nur in jagdlichen Notsituationen (krankes Wild) tolerierbar. Schützenstreuung, Witterung und Hintergrundgefährdung schließen Schüsse auf Tiere über 300 Meter im Regelfall aus.

Schützen-/Waffenpräzision

Für punktgenaue Treffer auf größere Distanzen darf der Streukreis des Schützen mit seiner Waffe auf 100 Meter und bei perfekten Bedingungen nicht mehr als 25 mm betragen. Bei größeren Streuungen wird der Schuss auf weite Distanz zur Glückssache. Bei einer Streuung von beispielsweise fünf Zentimetern auf 100 Meter beträgt die Streuung auf 250 Meter mindestens 12,5 Zentimeter, ohne dass die variierenden Umweltbedingungen noch zusätzlich Einfluss nehmen. Damit ist aber ein verantwortungsvoller Schuss nicht mehr gewährleistet. Die persönliche maximale Schussentfernung lässt sich über das Erstellen einer individuellen Schusstafel ermitteln. Dazu wird jeweils eine 5-Schuss Serie auf 50, 100, 125, 150, 175, 200 Meter usw. geschossen. Nach jeder Serie wird der Streukreis gemessen. Übertrifft der Streukreis das Maß von zehn Zentimetern (Gruppe aller Einschläge vollständig umschlossen), ist auch die persönliche maximale Schussdistanz überschritten. Im Beispiel der Grafik liegt diese knapp über 150 Meter, aber ganz bestimmt unter 175 Meter. Dies sollte der Schütze trotz aller technischen Möglichkeiten berücksichtigen und zunächst seine Schießleistung verbessern, bevor er auf weitere Distanz im Jagdbetrieb schießt. Alles andere wäre vorsätzlich in Kauf genommene Tierquälerei.

Bei der beschriebenen Schusstafel wird das gesamte Setup aus Schütze, Waffe, Montage, Optik und Munition auf den Prüfstand gestellt. Unter Umständen liegt der Grund für die Streuung nicht an der persönlichen Schießtechnik, sondern es hat eine andere Ursache. Mögliche Quellen der Streuung wurden schon zuvor (siehe S. ##) genannt und können unter Umständen leicht analysiert und verändert werden, so dass mit einem modifizierten Setup dann auch auf weitere Distanzen sicher getroffen werden kann.

Damit Weitschüsse im jagdlichen Alltag getätigt werden können, müssen sie im Vorfeld trainiert werden.

Schusstafel

Entfernung in m	50	75	100	125	150	175	200
Streukreis in cm	2	2,3	2,8	3,2	8,6	10,8	12,2
Ober-/Unterhalb Visierlinie	0	1,7	4	5	–0,5	–8,2	–17
Gesamt +/–	2	4	6,8	5,2	9,1	19	29,2

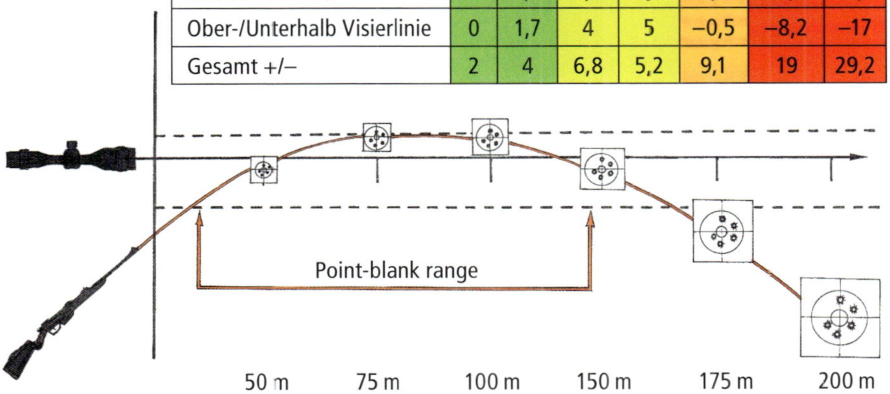

Beispiel einer individuellen Schusstafel. Für diesen Schützen liegt, bedingt durch die persönliche Streuung, die maximale Entfernung bei 150 Meter.

Über das Erstellen einer Schusstafel lässt sich die persönliche maximale Schussentfernung ermitteln.

Wind

Vorneweg ein Leitspruch aus der Schießtrainerszene: „Entfernung ist Mathematik, Wind ist Voodoo." Dieser Spruch verdeutlicht plakativ, wie schwierig sich selbst für erfahrene Schützen das Thema Windabdrift darstellt. Während sich bei Schüssen im Normalentfernungsbereich der Schütze keine Gedanken um den Wind machen muss, stellt die Windrichtung und Geschwindigkeit bei weiten Schüssen eine relevante Größe dar, die beachtet werden muss. Von der Mündung bis zum Ziel beeinflusst der Wind die Flugbahn des Geschosses. Dabei gilt:

— Je schwerer das Geschoss, desto weniger beeinflusst der Wind die Abdrift.
— Je höher die Geschossgeschwindigkeit, desto geringer der Einfluss des Windes auf die Abdrift.

Mit ballistischen Programmen wird versucht, die windbedingte Abdrift auf die jeweilige Laborierung zu berechnen. Allerdings ist auch hier unbedingt ein Üben und Justieren auf der Schießbahn erforderlich, um präzise Schüsse zu gewährleisten.

Winddrift ist ein sehr komplexes Thema und nur durch langjähriges Training zu beherrschen. Für die mathematische Herleitung ist unter anderem der BC des Geschosses, die V_0 der Laborierung und Stabilitätsfaktoren sowie Windrichtung und Geschwindigkeit nötig. Ein mit Winddrift wenig vertrauter Jäger sollte bei höheren Windgeschwindigkeiten keinen Schuss auf über 150 Meter abgeben.

Anhand der nachfolgenden beispielhaften Tabelle ist leicht zu erkennen, dass selbst schwacher Wind (Stärke 2 bis 3) bereits erhebliche Abdrift auf weite Distanzen zur Folge hat. Für das Beispiel in der Tabelle gelten folgende Eingangsgrößen: .308 Win., Geschossgewicht: 170 gr., Windgeschwindigkeit: 4 m/s (ca. 15 km/h) etwa Windstärke 3, Windrichtung: 90 ° (3 bzw. 9 Uhr).

Entfernung (m)	100	200	300
Windabdrift (cm)	1,7	7,6	17,8

Wind ist schwer einschätzbar. Er kann an verschiedenen Orten im Revier stark variieren.

FAUSTFORMEL

Rechtwinkliger Wind mit etwa 5 m/s (Blätter der Bäume bewegen sich) erfordert eine Haltepunktkorrektur:

— 200 Meter Schussdistanz: eine Handbreit (ca. 10 cm) in den Wind halten

— 300 Meter Schussdistanz: zwei Handbreit (ca. 20 cm) in den Wind halten.

— Bei veränderter Windrichtung ändert sich die Haltepunktkorrektur entsprechend. Als Anhaltswert kann nachfolgende Tabelle angewendet werden.

Auf das obige Beispiel bezogen wäre dann bei Wind aus 5 Uhr mit 5 m/s auf 200 Meter die Haltepunktkorrektur 10 cm × 35 % = 3,5 cm.

Windrichtung auf der Uhr	12	1	2	3	4	5	6	7	8	9	10	11
%	0%	35%	70%	100%	70%	35%	0%	35%	70%	100%	70%	35%

Eine Windkorrektur am Zielfernrohr, über Absehenverstellung, ist unüblich. Normalerweise nimmt der Schütze die Korrektur vor, indem er gegen den Wind anhält. Verlässlich kann dies nur mit Absehen geschehen, die über eine Strichplatte verfügen. In jagdlichen Zielfernrohren vermisst man diese Art des Absehens leider häufig. Es ist jedoch erforderlich, dass der Schütze die Windstärke und -richtung einschätzen kann und seinen Haltepunkt auf die entsprechende Distanz korrigiert. Zur Windeinschätzung eignen sich die Bewegungen der Vegetation im Wind oder auch Bänder, die der Schütze im Gelände aufgehängt hat. Mit diesen lässt sich die Windrichtung und Stärke leichter abschätzen.

Für die Einschätzung von Windgeschwindigkeit und -richtung können Bänder im Gelände befestigt werden.

Ab einer Entfernung von 150 Meter hat der Wind einen relevanten Einfluss auf die Treffpunktlage. Wenn Sie auf größere Distanzen schießen möchten, müssen Sie dies berücksichtigen und unbedingt vorher üben!

Auf größere Distanz und mit viel Übung kann der Schütze den Wind über die sogenannte Mirage einordnen. Dieses Hitzeflimmern gibt dem Schützen wertvolle Hinweise, wie sich die Windsituation auf weite Entfernung darstellt. Da vom Schützenstandort nur die Windgeschwindigkeit unmittelbar vor Ort gemessen werden kann, sind alle weiteren Indizien für Windrichtung und Geschwindigkeit zu nutzen.
Durch Gelände, Bewuchs und Sonneneinstrahlung können Windrichtung und -stärke auf der gesamten Flugbahn des Geschosses variieren. Der Schütze muss daraus einen Mittelwert für die Haltepunktkorrektur bilden, was nur mit sehr viel Übung und Erfahrung möglich ist.
Doch auch für die Windabdrift existieren Berechnungsmodelle. Diese sind aber vor allem auf eine korrekte Windeinschätzung, sowohl von Stärke wie auch Richtung, abhängig. Die Windgeschwindigkeit wird dazu in Windstärken nach Beaufort eingeteilt. Die Tabelle endet bei Stufe 5 in diesem Buch, da es bei höheren Windgeschwindigkeiten nicht ratsam ist, Wild auf größere Distanz zu beschießen. Zudem besteht bei höheren Geschwindigkeiten auch ein Gefährdungsrisiko für den Schützen durch herabfallende Vegetationsteile aus Bäumen.
Die Windgeschwindigkeit kann auch mit einem Windmesser ermittelt werden. Allerdings ist die Messung trügerisch, da für die gesamte Geschossflugbahn ein durchschnittlicher Wert ermittelt werden muss – wobei der Windeinfluss mit zunehmender Nähe zum Ziel immer weiter abnimmt. Daher nimmt der Schütze eine gewichtete Windstärke an.
Von den Modellen zur Berechnung der Drift soll nachfolgend das wohl einfachste, „Accuracy 1st“ erläutert werden. Für das jeweilige Kaliber wird die Drift pro 4 mph als Grundgröße definiert. Als Beispiel im Kaliber .308 Win. = 0,5 Mil auf 500 Meter Distanz. Mit diesem Wert kann nun folgende Formel angewendet werden: 16 mph Wind aus 9 Uhr.

Stärke	Definition	km/h	mp/h	Indikator
0	windstill	0	0	Rauch steigt senkrecht auf.
1	leichter Windzug	5	3	Rauch steigt fast senkrecht auf.
2	leichter Wind	12	7	Wind ist auf der Haut spürbar.
3	schwacher Wind	19	12	Blätter und Fahnen bewegen sich.
4	mäßiger Wind	26	16	Kleine Zweige bewegen sich.
5	frischer Wind	34	21	Unangenehm fühlbar, große Zweige bewegen sich.

Zahlreiche Zielfernrohre verfügen über eine Einstellmöglichkeit für die Parallaxe.

(16 mph/4) × 0,5 Mil = 2 Mil Vorhalt für 500 Meter. Für 350 Meter wären das dann (2 Mil/500 × 350) = 1,4 Mil Vorhalt. Je nach Windrichtung muss der Wert noch mit obiger Windrichtungstabelle korrigiert werden.

Parallaxe

Herstellerseitig sind normale Zielfernrohre auf einen Schärfebereich von 100 Meter eingestellt. Damit lassen sich alle jagdlichen Situationen auf Normalentfernung problemlos meistern. Wird der Zoombereich aber in den oberen Bereich gefahren und die Distanz erreicht die 200-Meter-Marke, bemerkt der Schütze ein unscharfes Bild. Nun den Dioptrien-Ausgleich zu betätigen wäre grundlegend falsch, weil dieser nur die Aufgabe hat, das Absehen scharfzustellen. Das Zielbild bleibt nach wie vor unscharf und kann nur durch eine manuelle Parallaxeneinstellung scharfgestellt werden, wenn das Zielfernrohr über eine solche verfügt.
Die Unschärfe ist aber nicht das eigentliche Problem der Parallaxe, sondern vielmehr die optische Verschiebung durch sie. Bewegt sich das Auge bei fest aufgelegter Waffe hinter dem Okular in horizontaler Richtung, bleibt bei richtig eingestellter Parallaxe das Fadenkreuz unverändert auf dem Haltepunkt. Ist die Parallaxe nicht korrekt eingestellt, wandert das Fadenkreuz horizontal weg vom Haltepunkt. Daraus kann sich bei Zielentfernungen von 300 Meter eine Treffpunktverlagerung um bis zu 20 Zentimeter in horizontaler Richtung ergeben.

Geschosswirkung

Einen weiteren wichtigen Punkt, den es bei weiten Schüssen zu beachten gilt, stellt die Geschosswirkung dar. Kann das Geschoss auf die angestrebte Distanz mit der dann verminderten Auftreffgeschwindigkeit noch planmäßig deformieren? Sollte keine Deformation mehr stattfinden können, ist die Wirkung der eines Vollmantelgeschosses gleichzusetzen und die Energieabgabe ist für einen tödlichen Treffer zu gering. Für eine verlässliche Wirkung auf größere Distanz erfordert es aber nicht, wie häufig vermutet, ein hohes Geschossgewicht, sondern eine möglichst hohe Geschwindigkeit.

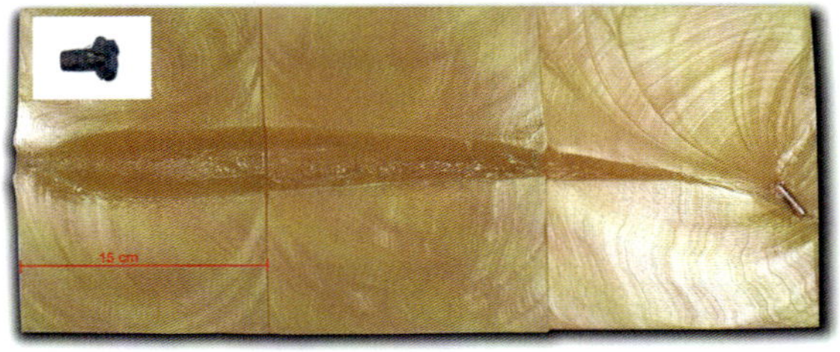

Geschosswirkung auf 100 Meter in ballistischer Seife mit über 40 Zentimeter Durchdringungstiefe.

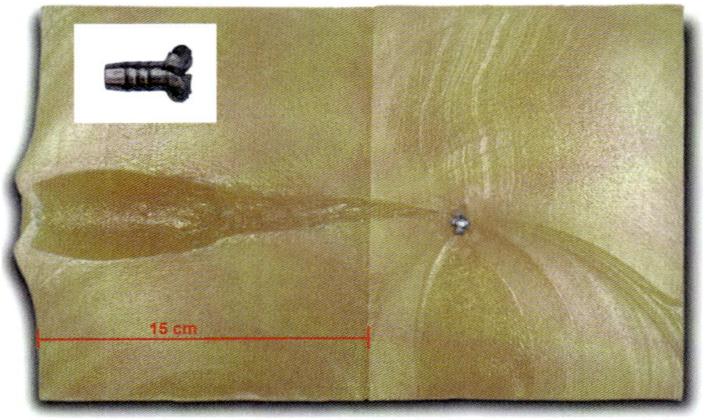

Deutlich geringere Deformation und Durchdringung (ca. 20 cm) auf 300 Meter Distanz.

Diese wird eher durch eine Reduzierung des Geschossgewichtes und Optimierung der Geschossform erreicht. Deswegen ist zu beachten, dass ein Geschoss mit hervorragender Wirkung auf kurze Distanz bei der Waldjagd unter Umständen auf Weitschussdistanz komplett versagt. Hersteller geben teilweise die Grenzgeschwindigkeiten für ein zuverlässiges Deformieren in Abhängigkeit vom Geschossmaterial an. Als Grenzgeschwindigkeit für eine Deformation kann ungefähr 550 m/s Geschossgeschwindigkeit angenommen werden. Mit einer V_0-Messung seiner Laborierung und einer Ballistik-App kann jeder Schütze errechnen, wo sich die jagdliche Grenze seiner verwendeten Waffen-/Munitionskombination befindet, wenn er die Eigenschaften seines Geschossmaterials kennt.

STEILSCHUSS

Steilschüsse kommen nicht nur im Gebirge, sondern auch bei großer Hangneigung oder hohen Ansitzeinrichtungen verbunden mit

Kleine, handliche Geräte ermöglichen die Messung der Geschossgeschwindigkeit sogar im Revier.

kurzer Schussdistanz vor. Dabei sind grundsätzlich drei Dinge zu beachten:

Die Montagehöhe der Zieloptik zur Laufachse bei Schüssen auf kurze Distanz: Wird auf kurze Distanz geschossen, befindet sich die Geschossflugbahn meist zwischen fünf Zentimetern (bei Repetierwaffen) und bis zu zehn Zentimetern (Bockbüchsflinte, Drilling) unter der Visierlinie bzw. Sehachse. Diese Distanz kann mit einem Lineal ganz einfach gemessen werden und sollte dem Schützen auch bekannt sein. Bereits bei waagerechten Schüssen ist diese Abweichung in der Regel schon zu beachten, da sie im Bereich von 0 bis 50 Meter zu entsprechenden Abweichungen zwischen Haltepunkt und Treffpunkt, also potenziell zu Tief- oder gar Fehlschüssen führt. Wird ein Schuss allerdings auf kurze Distanz steil bergab abgegeben und hält der Schütze dabei in der Mitte des Wildkörpers an, verfehlt das Geschoss unter Umständen die Kammer des Tiers – ein tiefer Streif- oder Laufschuss ist die Folge. In solchen Situationen muss der Schütze den Haltepunkt entsprechend korrigieren, indem er sich dreidimensional die Lage der Organe vor Augen führt und gegebenenfalls etwas höher – z. B. im oberen Drittel des Wildkörpers – anhält.

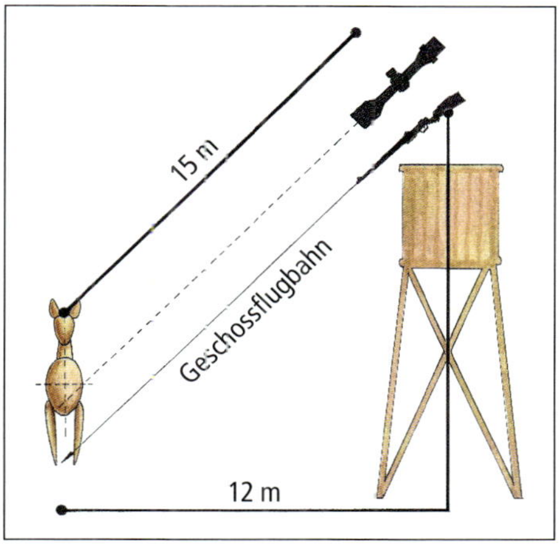

Auf der kurzen Distanz von „real" 15 m befindet sich das Geschoss bei den meisten Kalibern noch unterhalb der Visierlinie, da es dieselbe noch nicht geschnitten hat. Bei vielen Kalibern schneidet das Geschoss die Visierlinie das erste Mal bei 25 bis 30 m.

Der Geschossdurchlauf durch das dreidimensionale Ziel muss immer berücksichtigt werden. Bei allen steilen Schüssen, egal ob auf kurze oder auf weite Distanz, sollte sich der Jäger den Geschossdurchlauf im Wildkörper bewusst machen. Dabei gilt zu bedenken, wo sich die tödliche Trefferzone befindet und welcher Haltepunkt zum Durchdringen dieses Bereichs erforderlich

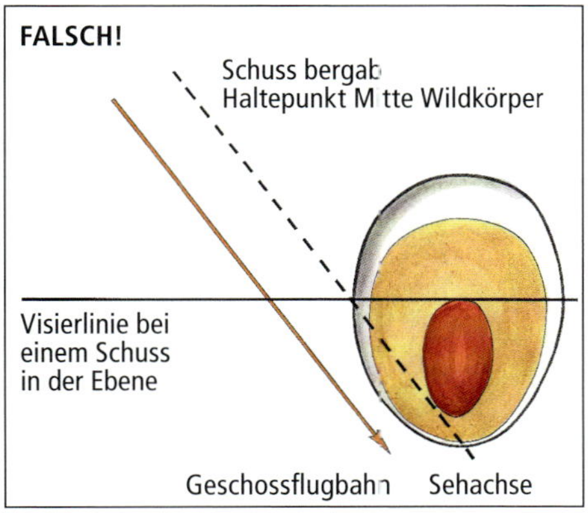

Bei steilen Bergabschüssen wird auf kurze Distanz oft unterschossen, wenn an der Körpermitte angehalten wird.

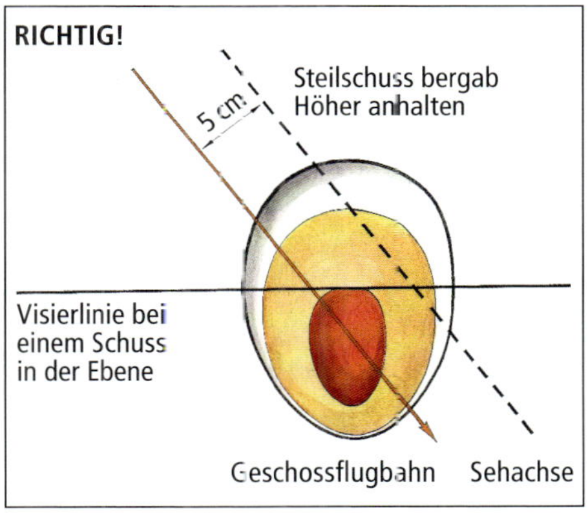

Hält der Schütze stattdessen weiter oben an, trifft das Projektil sicher den tödlichen Bereich.

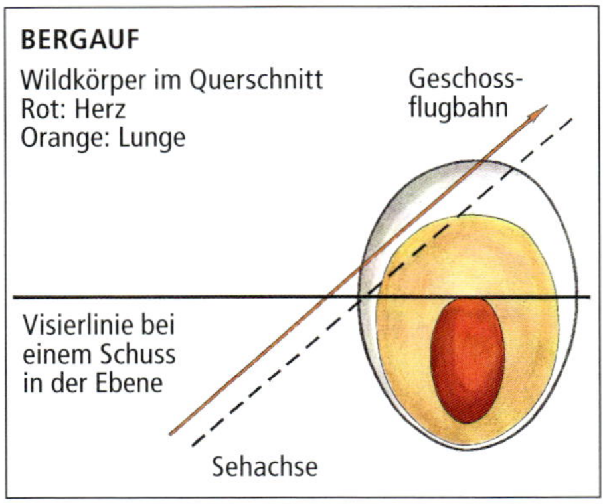

Schematischer Wildquerschnitt mit Visierlinie und Flugbahn

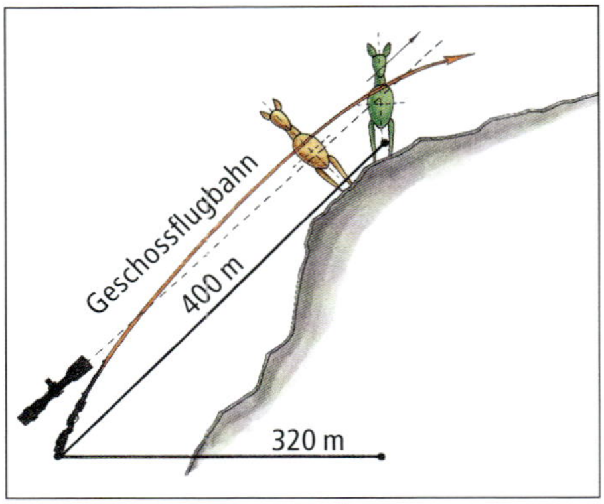

Neben anderen Größen ist bei steilen Weitschüssen die Organlage zu berücksichtigen.

ist. Wird beispielsweise steil bergauf geschossen und der Jäger hält genau auf der Körpermitte an, durchdringt das Geschoss meist nur die Peripherie des Körpers und öffnet nicht den Brustkorb des Tieres, weil die Geschossflugbahn wie eine Tangente am Wildkörper im Hang nicht rechtwinklig zur Flugbahn steht, sondern senkrecht.

Als Anhaltspunkt kann die nebenstehende Grafik verwendet werden. Dabei ist bei einem schrägen Schuss von oben der Treffpunkt im oberen Drittel des Stückes zu wählen, um die Mitte des Wildkörpers und damit den tödlichen Bereich zu treffen. Wird der Schuss von unten schräg nach oben abgegeben, sollte der Treffpunkt des Geschos-

Wird die Geschossflugbahn durch den Wildkörper nicht bedacht, drohen im schlimmsten Fall sehr schwierige Nachsuchen.

ses im unteren Drittel des Wildkörpers liegen. Wichtig dabei ist klar zu unterscheiden, dass Treffpunkt und Haltepunkt nicht identisch sind. Nur bei genau zwei Punkten auf der Sehachse ist Treffpunkt = Haltepunkt – Nahfleckschuss und Fernfleckschuss! Auf alle anderen Distanzen sollte der Schütze wissen, ob und in welchem Maß sein Setup einen Hoch- oder Tiefschuss besitzt.
Der Merksatz, den zahlreiche Jagdschüler bis heute immer wieder in der Ausbildung hören, „bergauf und bergrunter, halt drunter" ist irreführend, grundsätzlich falsch und führt immer wieder zu Fehl- oder Krankschüssen. Alles Vorgenannte gilt natürlich auch bei sehr spitz bzw. schräg stehenden Stücken. Auch in diesem Fall muss der Geschossdurchlauf durch den Wildkörper berücksichtigt werden, mit dem Ziel, dass das Geschoss den Körper im Bereich des Herzens durchdringt. Je nach Stellung ist daher ein Anhalten auf dem Blatt kein tödlicher Treffer.

Der Unterschied zwischen gemessener Strecke und der ballistischen Entfernung.

Die gemessene Entfernung und die Haltepunktkorrektur dazu entsprechen nicht den Verhältnissen eines waagerechten Schusses. Die Erdanziehung, welche die Flugbahn des Geschosses permanent nach unten verbiegt, wirkt bei steilen Schüssen nicht in der gleichen Weise wie bei waagerechten Schüssen. Demzufolge ist der Geschossabfall auf die gemessene Entfernung geringer. Ballistische Programme oder auch Laser-Entfernungsmesser haben die Neigungskorrektur teilweise bereits integriert. Zeigt der Entfernungsmesser als gemessene Entfernung beispielsweise 300 Meter an, beträgt die ballistische Entfernung bei einem Winkel von 36 Grad nur 240 Meter (Cosinus-Funktion). Das Wild steht in diesem Fall 300 Meter entfernt, und soweit fliegt das Geschoss natürlich, bis es das Stück erreicht. Die Haltepunktkorrektur muss allerdings für einen Schuss auf 240 Meter Entfernung in der Waagerechten vorgenommen werden.

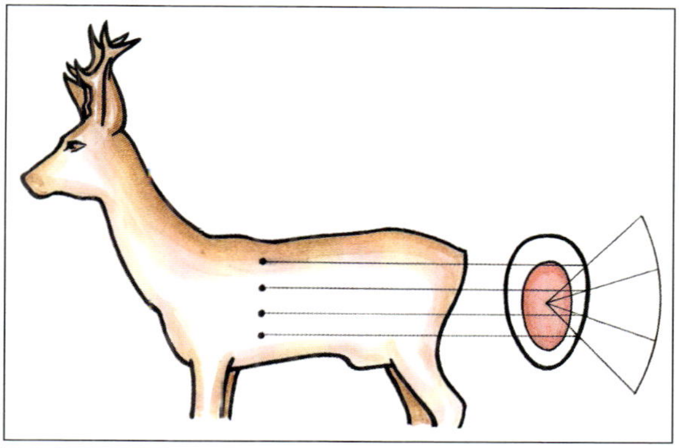

Treffpunktlage bei unterschiedlichen Schusswinkeln

Bei sehr steilen Schüssen muss der Unterschied zwischen gemessener Distanz und ballistischer Entfernung beachtet werden.

SICHERHEIT

Der entscheidende Sicherheitsfaktor an einer Schusswaffe ist der Mensch, der sie bedient. Oberste Priorität beim Umgang mit Schusswaffen, ob beim Schießtraining oder bei der aktiven Jagd, sind grundlegende Sicherheitsregeln. Neben der UVV Jagd, die auch für den Umgang mit Schusswaffen einige Regeln formuliert, sollten in jedem Fall die weltweit anerkannten Regeln des US-amerikanischen Waffenexperten John Dean „Jeff" Cooper eingehalten werden:

1. Jede Waffe ist geladen: Niemals davon ausgehen, dass eine Waffe „leer" ist. Immer kontrollieren: Magazin raus, Kammer öffnen, Sichtkontrolle.
2. Die Mündung überstreicht nur das, was ich auch beschießen will. Mündungsdisziplin immer wahren: Lauf Richtung Boden/Schussfeld, nie auf Menschen oder ungesicherte Zonen.
3. Der Finger berührt erst dann den Abzug, wenn ich die Entscheidung zum Schuss getroffen habe. Finger außerhalb des Abzugsbügelrings (an der Flanke), bis Ziel, Haltepunkt und Entscheidung klar sind.
4. Ich kenne mein Ziel und achte auf das, was dahinter ist. Vor dem Schuss Zielart, Zielrichtung, Kugelfang, mögliche Hindernisse und Kollateralschäden prüfen.

Als verantwortungsvolle Waffenbesitzer dürfen wir keinerlei Ausnahmen von diesen Regeln erlauben. Wenn wir sie einhalten, machen wir in der Folge immer alles gleich, immer alles richtig – und schaffen damit aktiv Sicherheit. Gleichzeitig dienen wir als gutes Vorbild für andere, womit wir noch einmal aktiv für Sicherheit sorgen.

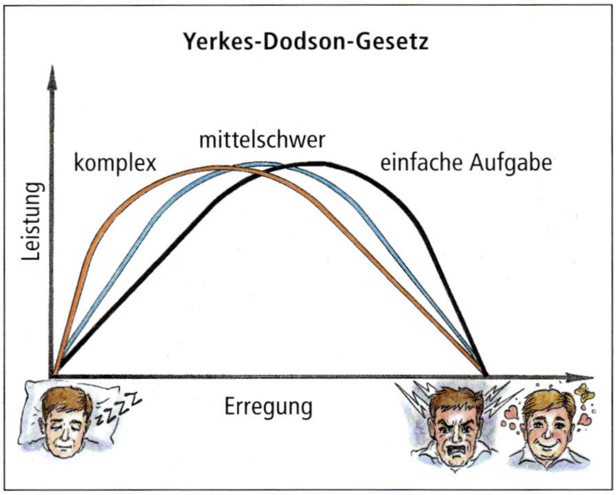

Fehlende ebenso wie sehr hohe Erregung mindern die Leistungsfähigkeit des Menschen, auch bei der Jagd!

FAKTOR MENSCH

Schlechte oder Fehlschüsse sind meist die Folge mangelhafter Schieß-, Anschlags- oder Abzugstechnik. Selbstverständlich kommen gelegentlich auch technische Probleme bei Waffe oder Optik als Grund für unzureichende Treffgenauigkeit vor. Die weitaus größte Bedeutung für schlechte Schüsse begründet sich aber in der Psyche und Physis des Schützen. Die Schussabgabe auf ein Stück Wild ist für viele eine psychische Grenzsituation. Dies kann durch Erfolgs- sowie Zeitdruck, ungewohnte Situationen oder Stress begründet sein. Ganz allgemein wird dann häufig von Jagdfieber gesprochen. Als Folge davon gibt der Schütze den Schuss überhastet oder mit verspanntem Körper ab.
Die Beseitigung dieser Störungen gelingt in der Regel mit entsprechend regelmäßigem Schieß- und Anschlagstraining. Wenn Anschlag und die Bewegungsabläufe durch Regelmäßigkeit automatisiert werden, steht dem Schützen dieses Repertoire auch in Stresssituationen zur Verfügung. Bei tiefergreifenden Problemen können Entspannungsübungen oder autogenes Training helfen, die gesteigerte Nervosität, eine Art „Wettkampfangst", in den Griff zu bekommen.
Nebenstehende Grafik veranschaulicht den Zusammenhang zwischen Leistungsfähigkeit und Erregungszustand. Ein gewisses

Maß an Anspannung ist für das Erbringen einer Leistung notwendig, zu viel Erregung wiederum mindert die Leistungsfähigkeit.

MUCKEN

Eine weitere Ursache für schlechte Schüsse ist das sogenannte Mucken. Es liegt ebenfalls in der Psyche des Schützen begründet, hat aber eine andere Wurzel und ist mit einer Vielzahl an Möglichkeiten zu beheben. Beim Mucken zuckt der Schütze, in Erwartung des Schusses, während der Schussauslösung und überträgt dabei eine ungewünschte Bewegung auf die Waffe. Diese unterbewusste, ruckartige Bewegung ist eine Gegenbewegung des Körpers zum erwarteten Rückstoß und Schussknall. Meist sind die Ursachen dafür in einem negativen Erlebnis begründet und verursachen beim Schützen langwierige Probleme in der Treffergenauigkeit, weil gemuckte Schüsse meist weit am anvisierten Ziel vorbeigehen.

Abhilfe gegen das Mucken können folgende Punkte leisten:

1. Trockentraining
2. Integriertes Trockentraining (Kombination aus Trockentraining und scharfem Schuss)
3. Verwendung von leichteren Geschossen reduziert den Rückschlag
4. Verwendung von rückstoßarmen Laborierungen
5. Verwendung von geeigneten, rückstoßabsorbierenden Schaftkappen
6. Verwendung eines Schalldämpfers, ggf. zusätzlich Mündungsbremse
7. Verwendung von Kickstopp (Gewicht im Hinterschaft zur Rückstoßreduzierung)
8. Verwendung von Schulterpolstern
9. Verwendung von Gehörschützern

All diese Maßnahmen reduzieren den Rückschlag der Waffe bzw. mindern die Lärmbelastung am Gehör ab. Mit ihrer Hilfe verliert der Schütze die Angst vor dem Schlag oder dem Schussknall, und nach einem gewissen Training wird das Mucken in Gänze verschwinden. Hat sich der Schütze aber einmal mit dem Rand des Zielfernrohrs durch den Rückschlag eine Platzwunde am Auge zugezogen, sitzt das Mucken meist so tief im Unterbewusstsein, dass die oben beschriebene Maßnahmen allein nicht mehr helfen. Dann muss mit einem speziellen Ball and Dummy Training dagegen vorgegangen werden.

Dabei lädt der Schießtrainer dem Schüler die Waffe in unbestimmter Reihenfolge entweder mit einer Jagd- oder einer Pufferpatrone. Der Schüler übernimmt das Gewehr und gibt dann jeweils einen Schuss ab. Der Trainer beobachtet dabei den Schützen bzw. vorrangig die Mündung der Waffe. Speziell bei den Schüssen mit der Pufferpatrone sind die ungewollten Bewegungen durch das Mucken leicht zu erkennen. Mit seiner Rückmeldung und zahlreichen weiteren Übungen dieser Art kann dieses Manko gegen einen bewussten, fehlerfreien Abzugsvorgang ausgetauscht werden.

ÜBUNGSEINHEITEN FÜR DIE PRAXIS

Übungseinheiten mit der Waffe sollten sich nicht nur auf das Abdrücken beschränken. Auch die Bewegungsabläufe, sicherheitsrelevante Elemente und der Faktor Zeitdruck können mit gezielten Übungen trainiert werden. Nur dadurch ist der Jäger den unterschiedlichen Situationen auf der Jagd gewachsen. Durch strukturiertes Vorgehen speichert dabei das Gedächtnis die Abläufe und Bilder ab. Diese sind dann auch unter Stress wieder abrufbar. Bei nachhaltigen Problemen sowohl mit der Schießtechnik wie auch mit der psychischen Komponente auf der Jagd ist in jedem Fall die Zuhilfenahme eines versierten Schießtrainers angeraten.

SERVICE

REGISTER

ÜBER DEN AUTOR

Stefan Mayer, geboren 1968 in Lörrach, wurde während des Studiums zum Dipl.-Forstwirt (FH) passionierter Jäger und Jagdhundeführer. Zusammen mit seiner Frau führt er Stöberhunde und regelmäßig mindestens zwei Schweißhunde, da beide vom Land Baden-Württemberg als anerkannte Schweißhundeführer bestätigt sind. Als freier Redakteur verfasst er regelmäßig Beiträge für das Jagdmagazin Wild und Hund, unter anderem zu den Themen Hundeausbildung, Hundeortung, Nachsuchen, Ausrüstung und Drückjagd. Im Kosmos Verlag sind bereits drei Titel – Schuss und Anschuss, Ausbildung und Fährte sowie Auf der Nachsuche – von ihm erschienen. Mit seiner Frau Daniela bewirtschaften beide als Pächter über 1000 Hektar Jagdfläche im Südschwarzwald. Die Abschüsse in Ihren Revieren werden neben der Ansitzjagd schwerpunktmäßig im Rahmen der Pirschjagd getätigt. Da neben den Hauptwildarten wie Rehwild und Rotwild im Südschwarzwald auch Gamswild und Schwarzwild ihre Fährten ziehen, ist die Jagd ohne feste Ansitzeinrichtung regelmäßige Tätigkeit. Aus dieser langjährigen Erfahrung ist die Idee zum Buch entstanden. Weitere Aspekte zum Thema Pirschjagd fließen durch seine Ausbildung zum zertifizierten Schießtrainer ein, die er 2020 absolvierte.

BILDNACHWEIS

Mit 170 Farbfotos von AdobeStock/ McoBra89 S. 19 o., /F. Zimmermann S. 19 u., /Klaus 31, /Paloma Ayala 95, WildMedia 171;Flain Fotografie 174; Florian Fiedel 9 u.; Alica Junker 36; Daniela Mayer (5): 4, 16, 21, 30, 42; Stefan Mayer (37): S. 3 r., 9 beide, 11, 25 beide, 29 beide, 30, 41, 42, 47 u., 48, 49, 53 beide, 54, 57 o., 59 o., 62 l., 63, 75 u., 80, 81 beide, 85, 86, 90, 93, 103 u., 109 beide, 114 u., 122, 131, 137, 145, 164, ; Erich Marek (18): 24 u., 34, 66, 67, 68, 69 beide, 71, 73, 74, 75 o., 76 beide, 77 beide, 78, 87, 139, ; Steiner Optik 114 o.; Jens Tigges (2): 162 o., 162 m.; Tobias Westen (92): 2, 2-3 M., 6-7, 10, 12, 13, 17 beide, 18, 20, 24 o., 28, 35, 36, 38-39, 45, 46, 47 o., 50, 51, 52, 55, 56 beide, 57 u., 58, 59 u., 60, 61, 62 r., 64-65, 83, 88, 91 beide, 92, 94, 96-97, 99, 100, 102, 103 o., 104, 105 beide, 106, 107, 108, 110, 111 beide, 112, 113 beide, 115 beide, 117 beide, 118 alle, 119, 120, 121, 123, 124, 125 beide, 126 beide, 127 beide, 128-129, 138, 140, 142 beide, 143, 144, 146, 147, 149 beide, 150, 151, 152 beide, 153, 154 beide, 155 beide, 156, 157, 158, 159, 161, 162 u., 165, 168-169, 172, 173, 176.

Mit 22 Illustrationen von Kay Elzner nach Vorlage des Verfassers S. 14, 15, 21, 22, 26, 27 beide, 33, 70, 82, 131, 135, 136, 140, 157, 163 alle, 164 beide, 165, 166; Stefan Mayer (4) 32, 84, 124, 143.

IMPRESSUM

Umschlaggestaltung von Büro Jorge Schmidt unter Verwendung eines Farbfotos von Tobias Westen.

Mit 171 Farbfotos und 26 Farbzeichnungen.

Alle Angaben in diesem Buch erfolgen nach bestem Wissen und Gewissen. Sorgfalt bei der Umsetzung ist indes dennoch geboten. Der Verlag und der Autor übernehmen keinerlei Haftung für Personen-, Sach- oder Vermögensschäden, die aus der Anwendung der vorgestellten Materialien, Methoden oder Informationen entstehen könnten.

Unser gesamtes Programm finden Sie unter **kosmos.de**.
Über Neuigkeiten informieren Sie regelmäßig unsere Newsletter, einfach anmelden unter **kosmos.de/newsletter**

Gedruckt auf chlorfrei gebleichtem Papier

ISBN 978-3-440-18397-7
Projektleitung und Redaktion: Markus Lück
Gestaltungskonzept: Peter Schmidt Group GmbH, Hamburg
Gestaltung und Satz: typopoint GbR, Ostfildern
Produktion: Vanessa Frömmig
Druck und Bindung: Westermann Druck, Zwickau
Printed in Germany / Imprimé en Allemagne

FSC www.fsc.org MIX Papier | Fördert gute Waldnutzung FSC® C110508